*It's not just luck*
*to change your fate*

# 改变命运的
# 不仅仅是幸运

橙耶 著
CHENG YE

民主与建设出版社
· 北京 ·

©民主与建设出版社，2024

**图书在版编目(CIP) 数据**

改变命运的不仅仅是幸运 / 橙耶著. -- 北京：民主与建设出版社，2017.12（2024.6重印）

ISBN 978-7-5139-1808-4

Ⅰ.①改… Ⅱ.①橙… Ⅲ.①成功心理－通俗读物 Ⅳ.①B848.4-49

中国版本图书馆CIP数据核字（2017）第283691号

## 改变命运的不仅仅是幸运

GAI BIAN MING YUN DE BU JIN JIN SHI XING YUN

| | |
|---|---|
| **著　　者** | 橙 耶 |
| **责任编辑** | 刘 艳 |
| **出版发行** | 民主与建设出版社有限责任公司 |
| **电　　话** | （010）59417747　59419778 |
| **社　　址** | 北京市海淀区西三环中路10号望海楼E座7层 |
| **邮　　编** | 100142 |
| **印　　刷** | 三河市同力彩印有限公司 |
| **版　　次** | 2018年1月第1版 |
| **印　　次** | 2024年6月第2次印刷 |
| **开　　本** | 880mm×1230mm　1/32 |
| **印　　张** | 6 |
| **字　　数** | 180千字 |
| **书　　号** | ISBN 978-7-5139-1808-4 |
| **定　　价** | 48.00 元 |

注：如有印、装质量问题，请与出版社联系。

# CONTENTS 目录

## PART TWO 情感篇
## 愿青春不朽你我不老

## PART THREE　心灵篇
# 让伤痕开出一朵美丽的花

# Part One 励志篇
## 要么将就，要么出众

不要把自己窝在舒适区，
不要把自己困在固有的交友圈，
尽量不放弃追求自己觉得最好的最适合的，
也不要觉得生活就是如此，
不要把一切归咎在命运头上，
妥协和将就换来的也只是遗憾和后悔。

# 要么将就，要么出众

一个好人，不是一定就会有好的运气。很多时候，除了靠自身不断的努力，不断的拼搏以外，外人其实没法插手你的运势。

你对生活说我可以将就，生活它就真的将就给你看。

这将就背后，是对生活彻彻底底的浑浑噩噩，和绝不会再重来的人生。

## [一]

雅林，是我的发小。性格随和，从不与人过分计较。

读书时，雅林的成绩不算很好。说起未来时，她总说，我只要能离开农村就好。不管上什么学校，只要有书读，不让我回来种地就好。

高考结束后，雅林如愿地去了一所不是很远的专科学校，在那里，雅林觉得只要能顺利毕业就好。

她总说自己对未来没有太高的期望，将来毕业能有份工作就好。同学中，有考得好的，目标定在了大城市。雅林总说：留在大城市生活，多累呀！差不多就好。

同学偶尔小范围聚会时，有些人就不大待见雅林这些考得不好的同学了。不是大家有多么势力，而是她们消极的观念和那些渴望通过自身不断的努力，进而过上精英生活的人显得格格不入。

好在，雅林也顺利地毕业了。只是，随着大学生大规模的自主就业，雅林毕业的时候，已经没有稳定的工作可以分配了。

因为学校不入流，雅林面临着一毕业即失业的风险。只好一再降低工作标准。只求能留在家乡的小城里就好。

好不容易，通过同学家长的关系得到了一家国企面试的机会，然而，因为和同期竞争的人相比，缺少过硬的各类等级证书，她显得毫无优势。

在学校期间，别的同学忙着考各种证书的时候，雅林也总觉得差不多就好。何必非要和自己较劲，去考那些难考的证书。

幸好，同学的父亲很给面子，还是留下了雅林。给了她一份工作。

雅林很快觉得心满意足。虽然，我没有那么多的证书、没有很漂亮的学历，可我还不是有了一份稳定的工作。

只可惜，这份稳定并没有维持太久。随着资源整合，几家同类型的国企合并，同学的父亲调去了外地，没有了这层关系做靠山的雅林，很快在竞争中败下阵来。

此时的雅林已经过了三十岁了。

同期的同学，留在大城市里的，已基本站稳了脚跟，而和她一样在家乡打拼的，大多也成了单位里的骨干。而她却成了新时代的下岗工人。

毕业十二周年同学聚会的时候，雅林躲在角落里，既想和大家打招呼，又因为自己的一身寒酸和籍籍无名而感觉不好意思。

因为我们是发小，她拉着我，感慨自己时运不济，还问我能不能帮她找到一份稳定些的工作？当问起她擅长什么的时候，许久，她都不肯答话。身边的几个同学忙着把话题岔开了。

其实，不是不想帮她，只是不知道该从何帮起。

一个好人，不是一定就会有好的运气。很多时候，除了靠自身不断的努力，不断的拼搏以外，外人其实没法插手你的运势。

人生的路，不会因为你的谦和，就有人为你安排得好好的。

尤其，是我们这些出身寒门的人，除了不向命运屈服，不肯对生活轻易屈就，我们没有什么别的更好的办法。

你对生活说我可以将就，生活它就真的将就给你看。

# [二]

前一段，网上新闻中提及的42岁的人大毕业生伍继红，连续失业后，嫁给山区的赤贫农民，连续生育六子，生活极为窘迫。

在许多人为她扼腕叹息的时候，其实，我更想说的是：这样的生活也是她自身的选择。如若她不肯将就，谁能逼迫她至此呢？正是她一次次对生活的妥协，才为她开启了如此这般的人生之路。

以前曾读过一篇文章，大意是：这世界是一个巨大的能量场，你所有的渴望其实也是一种能量，它会吸附你的诉求，即与你相合的能量。

也就是说这世界常常会如你所求。你的渴望越强烈，得到的概率就会越大。

诸如：我希望自己发财，你就该把注意力集中在，我会发财，我会有很多的钱，而不是，我没有钱，我很穷，我要怎么办？当你真的将精神和精力凝聚在财富上的时候，自然会有许多相关的信息，与你接应。

这样说来，有些类似玄学的感觉。

我对它通俗的理解是：你所强烈渴望的，自然会为之付出相应的努力。而这努力总不会彻头彻尾地辜负你，或早、或晚，你一定会收获你想要的。

这样说来，那些将就的人生看似在屈就，其实，也不过是如你所求。

而那些将就的人生里，最可怕的，还不是你的将就，而是你的不知何所求。

你只是在被动地等待生活给你的。没有一个明确的目标，更不曾为这个目标做出切实的努力。生命就在这样的浑浑噩噩中流逝。

有将就的婚姻，是因为你放弃了寻找爱情，既然放弃了，爱情又怎会主动来找你呢？即使能找上门来的，也只能是孽缘。

有将就的学业，是因为你没有人生的目标，你放弃的是对自己未来生活的诉求，生活又该如何回馈于你呢？

有将就的事业，是因为你没有自己人生的规划，谈不上理想，谈不上情怀，也谈不上对财富的渴求。

最可怕的，不是你的将就，而是这将就背后，对生活的彻彻底底的浑浑噩噩，和绝不会再重来的人生。

你如何对待这个世界，这个世界就会如何对待你。

时光须臾，回首百年，如此将就，当真不遗憾？


没有一条路是平坦的，没有一座山是毫无崎岖的，而大海更不会是风平浪静的。人生之路，荆棘遍地，坎坷泥泞不可计数，唯有坚强者才能披荆斩棘，扫平坎坷走到路的尽头。人生大山，残崖断壁，艰险陡峭，令人望而却步，唯有勇士才能搭桥引路一路直上，直至胜利的巅峰。

# 成功靠的从来不是侥幸

　　从不觉得凭半瓶子晃荡的本领就取得成绩的人是幸运，因为越成长越发现，你缺少的那半瓶子东西迟早会需要补回来，而且有些东西，还是越早学会越好，从长远看来，你未必幸运，可能还会觉得遗憾。不踏实、不安心得来的成绩，可以享受，但别因此就觉得命运眷顾，从而做什么事情都抱着侥幸心态。

　　周周大二第一次考英语专业四级的时候没过。

　　因为考前我们在刷题的时候，她在看电视剧，我们在听听力的时候，她在看小说。

　　她以为凭着运气至少能够拿个及格分，没想到运气一点儿也不好。

　　成绩出来的时候在意料之外又在情理之中。

　　第二天，周周老老实实开始背英语专业四级单词，听英语听力，准备抓住最后一次考试机会。

　　可是，大三开始，我们每个人都纷纷开始准备实习，准备考高级口译，准备考教师资格证。

　　周周也一样，只是，比起我们，她更累，更忙，负担更重，因为，大二该过的专业四级考试还没过。

　　花了一年时间准备，战战兢兢，总归有颗心悬着。

　　最后，成绩出来，60分及格，勉强低空划过。没法进比较好的实习单位，因为连基本的四级证书敲门砖都没有，高级口译口试没过，因为实在没心思准备。

　　你在前面偷了懒，该过的考试没过，该走的路没走，到了第二年，你不得不承认，没有捷径，只能够老老实实把前面没走的路继续走下去。

然后，你突然发现，你比别人，永远都慢一步。

大三的时候准备去三亚玩，提前一个月买好了机票，做好了攻略，买了一堆仙气飘飘的连衣裙，当然，也准备了比基尼。

沙滩阳光，自然也少不了鲜美肉体。

只是，哪怕走到了沙滩上，我依旧没有脱掉比基尼外面的那条连衣裙。

因为，肚子上面有赘肉。所以，没有勇气。

其实我早就知道应该管住我的嘴，伸出我的腿，早在一个月前，我就应该少吃夜宵，多锻炼，可一直到我来三亚前坐在飞机上的前一刻，我还吃了一个冰激凌。

自然而然，赘肉没走，比基尼没露，看了鲜美肉体，可惜没成为其中一位，只能够眼巴巴看着身边的人大大方方展现年轻美好姿态，而我捏了捏肚子，只留下一声叹息。

离开三亚后，我积极锻炼，练出了马甲线，只是每每翻到那时在三亚的照片，总归是感觉错过了什么，少了什么。

途中你没尽心的，你遗憾的，哪怕后来弥补了，总归觉得不够圆满。

因为，不是那最应该来的恰恰好时光。

大四的时候在互联网公司实习，有次见客户的时候，数据没有仔细核实，造成了失误。

前期做了许多铺垫的工作，眼看就要签单成交了，到了最后时刻，因为这个数据，眼见得没法合作了。

那时候，还是经理出马，好说歹说，你来我往，你进我退，最后合作是合作了，只是签单的金额少了一大半，后来，这个客户由经理自己直接负责，而我前期的所有付出，因为这个数据的失误，全都打了水漂，就是客户对我的印象，也不再那么好，至少，对我不够信任了。

我固然在这个过程之中学到了一些东西，只是，学到的这些也无法弥补我在途中失去的。

在我以为理所当然，马上要成功的时候，一个小小的数据就能够推翻之前的一切。

你手头上在做的事情，一旦掉以轻心，就会给你狠狠一击。

哪怕利落收场，到底不是之前和谐模样。

总是抱着侥幸，却忘了，侥幸的背后，总是不幸。

在做好一件事的基础上，顺便做另一件事，是借势。做不好一件事，还想同时去做另外一件事，是自以为是。越是沉不住气，才越会张开怀抱拥有所有。越是不自信，才越想四处争取侥幸遍地开花。一个人什么事都想尽力做好，并不是不对，但首先请保证你做的每件事都能真正尽全力。

# 别辜负了命运的特别馈赠

横在我们面前的许多事都使人痛苦，可是却不用悲观。社会还正在变化中，骤然而来的风风雨雨，说不定把许多人的高尚理想，卷扫摧残，弄得无踪无迹。然而一个人对于人类前途的热忱，和工作的虔敬态度，是应当永远存在，且必然能鼓励我们的。当人生给了你挣扎、痛苦和煎熬，不用害怕，不要退缩，良好的品格，优良的习惯，坚强的意志，是不会被所谓的命运击败的！

在一次酒宴上，我认识了一位叱咤风云的企业家，家乡的各级报纸曾对他有过多篇报道，他的故事我早已耳熟能详。

少年时，父亲常年卧病在床，生活的全部重担压在母亲孱弱的肩上。一天，母亲上山为父亲采集草药时，不慎滚落山崖，当场昏厥过去，再也没有醒来。听闻噩耗，父亲一口气没缓过来，也去了。一天内痛失两位至亲，遭此沉重打击，15岁的他一下子沉闷了许多。乡亲们看他孤苦伶仃甚是可怜，于是经常接济他。可要强的他不肯接受大家的帮助，一个人苦苦地熬过了生命中第一个寒冬。

18岁时，他去县城的大修厂做学徒。由于心灵手巧，加之刻苦好学，三年不到，他就掌握了全部的修理技术。可好景不长，大修厂很快倒闭，他空有一身本事却失了业。

别人看他技术好，拉他入伙共同办修理厂。几年下来，积累了丰厚的资金。后来，合伙人借口要进新设备，卷走了全部的积蓄，逃得无影无踪，只留给他一个破破烂烂的院落。

很显然，他又遭遇了人生的一次重创。乡亲们很为他担心，以为他会从此一蹶不振，失去生活的信心。那段时间，他整天不言不语，着了魔一般拼命地干活，头发蓬乱，满身油污，三十出头的年纪落魄得像个五十岁的老者。

由于他的修理技术已臻炉火纯青之境，很快便东山再起，有了自己的修理厂。不久，修理厂规模越来越大，许多小修理铺都主动投到他的旗下。后来他又涉足食品加工，近几年又搞房地产开发。每一次的投资都险象环生，可他就是凭着顽强的信念，一路披荆斩棘地走过，终于获得了巨大的成功。

他从小时运乖蹇，命运多舛，人生可谓跌宕起伏，他的创业史更是血泪斑斑，令人不忍卒读。然而，每次陷入人生的低谷后，他总是及时收拾残破的心情，重整旗鼓，走出困境。

席间，我好奇地询问："是怎样强大的信念在支撑着您，使您成为打不倒摧不垮的钢铁斗士？"

他微微一笑，淡淡地说："尝的苦水太多了，便学会了先抱荆棘后拔刺。"

"先抱荆棘后拔刺"，这句蕴含深刻哲理的智慧之语猝然击中我心底最柔软的角落，心弦蓦地颤动不已。是啊，每个人的人生都不是一帆风顺的。当我们遭逢人生的"滑铁卢"，遇到无法选择无法逃避的命运时，是满含忧愤地诅咒命运的不公，终日怨天尤人、自暴自弃，还是坦然地接受它，义无反顾地把荆棘抱入怀中，然后忍着剧痛，把侵入肌肤痛进骨髓的那些尖利的刺一点点地剔除干净，一面自我疗伤，一面坚韧执着，将生活的苦难酿成芬芳醇香的美酒，敞开胸怀，迎来生命的春暖花开。

路漫漫其修远兮，谁都无法预知前路会发生什么。当坎坷泥泞、风雨凄迷之时，一定要以沉潜淡定之心、从容豁达之态，以坚不可摧的勇者之姿，直面现实，将荆棘抱入怀中，勇敢地挑战厄运，咬紧牙关，迎难而上，把那些扎人的刺一根根拔掉，这才是真正的勇士，才会书写出浓墨重彩的人生篇章。如果选择退缩，不战而退，实则是辜负了命运的馈赠，荒芜了大好人生。

　　一件事，某个人，你若放弃，可以找到万千理由，但你要真的放下，过后别回头，别懊悔，别无端的折磨自己。如果放不下，那就再咬牙坚持，在绝望中寻求生机，在卑微中强健身心，潜心笃行者终偿所愿，坚忍不拔者多能功成。要经常对自己说：我想得到，我一定行，我能撑住，我不服输，我不后悔。不懂得从一次失败中站起来，永远跪在地上等待怜悯，并且期待永不可能的时间倒流，才是人生中最无可挽回的失败。

# 改变命运的不仅仅是幸运

成功者谈失败，很多人对其深信不疑，很有信服力，可失败者谈失败，往往是被忽略的，是无人信服的。可是成功者为什么会成功呢！失败者为什么会失败呢？大部分的成功者是因为努力和不放弃，坚强的意志力和具有勇于拼搏的精神。

因为家境贫困，娄晓颖不得不辍学打工。第一次出远门，坐在从家乡赤峰到北京的火车上，她没有想过自己的未来。到北京后，她加入了一个家政服务公司。经过培训成为一名正式的家政工。幸运的是，她的第一份工作就是到著名主持人倪萍家做保姆。

那时，倪萍已经怀孕4个多月，倪萍的妈妈交代给娄晓颖的任务是：每天做倪萍的贴身"保镖"照顾她，顺便帮着做点家务，千万不能让她有一点闪失！虽然受过专业培训，但毕竟娄晓颖还是个姑娘，既没有怀孕的亲身体会，又是第一次当保姆，雇主又是名人，娄晓颖心里很紧张。她自己花钱买来两本和怀孕有关的书籍看，孕妇的衣食住行，她都默默地牢记着。有些东西，倪萍喜欢吃，但对胎儿不好，娄晓颖仍然会阻拦。起初，倪萍有些生气，对娄晓颖发了脾气。而娄晓颖却说："大姐，你虽然是我的雇主，但也是需要我照顾的人，我的工作就是要把你照顾好，如果看到你吃那些对你的孩子影响不好的东西我不阻止，就是我的失职。如果你觉得我这样做不对，你可以解雇我。"

她的工作很快博得了倪萍全家人的赞赏。第二个月发工资时，为表示对娄晓颖的赞赏，倪萍特意多给了她500元钱，而娄晓颖却把那500元钱退还给倪萍。她对倪萍说："谢谢你，但这500元钱我不要，我只是做好了自己应该做的工作，不该要这奖励。"娄晓颖的这一举动让倪萍和家人对她这个乡下妹子心生敬意。

倪萍的儿子虎子出生半年后被检查出患有先天性白内障，但医生说只能等到孩子3周岁的时候才能进行手术治疗，之前最好进行穴位按摩和针灸理疗。协和医院的专家叮嘱倪萍要每天三次为虎子进行穴位按摩和针灸理疗。倪萍和丈夫每天早出晚归，为孩子按摩和理疗的任务自然就落在了娄晓颖的身上。为了掌握按摩技法，娄晓颖让倪萍带着自己到协和医院向专家学了几次后，每天雷打不动地为虎子按摩。最难的是针灸理疗，为了能找准穴位，娄晓颖常常会先在自己身上试验，常常把自己扎得难以入睡。

倪萍加盟了《美丽的大脚》剧组，这部电影在宁夏固原的农村拍摄。正因为有了娄晓颖对孩子的精心照顾，倪萍才放心去宁夏拍戏。倪萍凭借着在这部影片中出色的表演，获得当年"金鸡奖"的"影后"。当倪萍参加完金鸡奖的颁奖典礼回到家时，全家人为她开了个庆贺会。倪萍将一块蛋糕夹到娄晓颖碗里，高兴地说："晓颖，你来我们家已经四年了，大姐已经把你当成自家人了。这次大姐能获奖，也有你的功劳，大姐很感激你。虎子马上就要上幼儿园了，你的工作就轻松点了。有了时间，你就多学点文化和技术，将来你在北京有一技之长，也能有好的发展……"倪萍的话正中娄晓颖的心思。她心里早就想读书，圆自己没能圆的大学梦。

做一天家务，晚上还要加班读书，辛苦是可想而知的，但娄晓颖坚持了下来。为了避免夜里读书打瞌睡，娄晓颖在困意来临时就用针扎自己的手腕。娄晓颖读书的刻苦深深地感动了倪萍。为了能让娄晓颖的成绩提高得更快，倪萍给研究生学历的表妹下了"命令"，让她每天下班后，专门抽出一个小时的时间给娄晓颖补习英语和数学。倪萍还请求赵忠祥帮娄晓颖补习古文，赵忠祥专门买来了初中、高中的语文书和参考资料，每次至少给娄晓颖辅导两个小时。

经过3年的刻苦努力，娄晓颖如愿以偿地考上了中央财经大学金融学院的会计学专业。开学那天，倪萍和丈夫开着车，带着孩子，高高兴兴地陪娄晓颖到学校报到，并为她交清了第一年一万多元的学杂费。2007年8月，娄晓颖顺利拿到了大专文凭。当倪萍得知北京协和医院财务处招聘出纳时，就带着娄晓颖前去应聘。通过笔试和面试，娄晓颖从多名竞争者中胜出，成为协和医院一名令人羡慕的白领。

娄晓颖的命运改变了，有人说她幸运，幸运的是能到倪萍家当保姆。可有谁知道在娄晓颖到倪萍家之前，她家先后雇了3个女孩，但没一个人像娄晓颖一样自立自强的。如果说，命运的改变也需要运气的垂青，那幸运也仅仅是第一步，最终能改变命运的，还是那自强不息的精神和坚持不懈的努力。

趁你现在还有时间，尽你自己最大的努力。努力做成你最想做的那件事，成为你最想成为的那种人，过着你最想过的那种生活。也许我们始终都只是一个小人物，但这并不妨碍我们选择用什么样的方式活下去，这个世界永远比你想的要更精彩。

# 请坚守你的梦想王国

这个世界看起来如此美丽富饶，来自每一粒种子都努力地向上向着太阳，破土而出。每一个小苗都在奋力地生长，在风雨过后，不管是玫瑰花还是狗尾巴草的种子。那在阳光下招摇的样子，精彩绝伦。这是努力的意义，也是我们的价值所在。

他一个人坐在那里，守着他的小世界。

他坐在那里，靠窗的位置。端端正正的，和其他人的慵懒不同。他的左手边放着一盒牛奶，右手边是一块未吃完的火腿三明治。

我想到五个字：遗世而独立。

低头看了眼教授给的书单目录，我左右扫视一圈，朝数字6打头的区域走去。

在英国的大学，教授上课仅用课件授课，可光凭课件的知识却只能拿40分而已。想拿剩下的60分，则需要在课后增加阅读量。每门课程都有对应的参考书，好在教授都有将这些书的编码写在课件的首页。

这座名为Joule的图书馆，散发着古朴的味道。

从书架上取下一本书，耳边却响起陌生的夹杂着东南亚口音的英语问话："这是最后一本了吗？"

我转过头，是刚才一直坐在窗边的少年，他一脸期待地指着我手中的《流体力学》。

我赶紧瞄了一眼书架，随即很抱歉地摇头，用英语回答："恐怕是的。这间图书馆的藏书十分有限，你应该去主图书馆，那里会有更多。"

这所大学并不只有这一间图书馆，但Joule作为北校区唯一一间图书馆，深受工科学生的喜爱，比起壮丽的主图书馆，它更安静，更有年代的味道。

"但我十分喜欢这里，很安静。"他一脸遗憾地叹了口气，转身离开。

望着他失望的背影，我有些不忍。他又回到了靠窗的座位上，从那天起，每当我进入图书馆时，总会看见他坐在同一个座位上，不分昼夜寒暑，静静地，与他的牛奶和三明治一起，专注于眼前的事。

所以，他才能成为理工学院的传奇吧。

听说，他是来自机械工程系的马来西亚籍留学生，考试门门上90分，破了学院创校两百年来的最好成绩。听说，他每天放学后，都会出现在图书馆的固定位子上，一手牛奶，一手面包，一坐便是半天，直到图书馆关门。

后来，我往图书馆跑得更勤了，可他却在三月的某天，突然消失了。

有人说，他回马来西亚了；有人说，他的父亲与叔叔在那架失踪的飞机上；有人说，他还有两个弟弟正在上学，父亲是家里唯一的支柱；有人猜，他或许不会再回来。

他消失了一周后，图书馆的电子系统显示有人预订了我手上的书，催我返还。我来到图书馆，寻找书架上的编号。

"嘿，又是你。"陌生又熟悉的声音在耳边响起。

我转过头，同样的位置，他看着我微笑："你知道吗？我找遍了全曼彻斯特的图书馆都没找到这本。"

"现在你找到了。"原来是他预订了我的书。

他欣然接过书，并没有多说什么，径直走向他的位置，靠窗而坐。我也没有多问什么。

但我隐隐觉得，有什么东西在改变。他瘦弱的肩膀好像宽了点，眉目间多了份坚毅与担当。我想，沉痛带给他的并不是成长的洗礼，更是作为家庭新支柱的责任吧。

路过他身旁时，我瞟了眼他的屏幕，那是一张报考航空航天工程的研究生申请表。

他对未来，已经有了决定。

窗外已经暗了下来，图书馆内灯火通明，放眼望去，只有他一人静静坐在那里，守着他的小世界，勾勒着未来那片天空的宏图。

这是属于他一个人的灯火通明。


绝大多数人，绝大多数时候，都只能靠自己。没什么背景，没遇到什么贵人，也没读什么好学校，这些都不碍事。关键是，你决心要走哪条路，想成为什么样的人，准备怎样对自己的懒惰下黑手。向前走，相信梦想并坚持。只有这样，你才有机会自我证明，完成你想要的成功。

# 人生的价值不是你
# 拥有什么，而是你创造了什么

在孤独的时候，给自己安慰；在寂寞的时候，给自己温暖。学会独立，告别依赖，对软弱的自己说再见。生活不是只有温暖，人生的路不会永远平坦，但只要你对自己有信心，知道自己的价值，懂得珍惜自己，世界的一切不完美，你都可以坦然面对。

刚一出生，接生婆就认定他将来不是一个凡人。但长大后，父亲说他笨得像木头。去上海星级酒店，因为衣冠不整，门童不让他进去。在一夜50美元的房间里，他不会开电视。被副省长接见，却因为紧张翻墙而逃。如今功成名就，却坚持拒绝媒体采访。

初中没毕业，他去做一个箍桶匠，可他并不喜欢把一块块木板箍在一起的活计。一次偶然的机会，他被父亲买回的年画深深吸引，年画上是苍劲有力的根，他盯着树根出神很久，原来树根也可以化腐朽成为艺术，从此找到了人生不平凡的目标，并发誓玩根到底。

他全身心投入根雕研创。为了寻根，他历尽艰辛，曾经在山上摔个半死；为了运根，他用七年时间花费11万元修路；为了坚守自己的誓言，他拒绝国外月薪万元的邀请；为了专注自己的事业，他拒绝情感和家庭；为了专心根雕的创作，他谢绝媒体的采访；为了缔造他的根雕王国，他放弃一切欲望。

根雕五百罗汉是他一直的梦想。多年来他四处觅根，当终于寻到历经几百年沧桑的树根时，他泪水潸然。他用十几列13米长的火车皮花费200

多万元运回。而后他把自己锁在仓库里，与树根独处。用眼神与它们交流，用言语与它们沟通，用心灵与它们交融。半年之后，开始动手。在徒弟的帮助下，十几年的琢磨，十几年的雕刻，十几年的雕琢，震惊世人的五百罗汉根雕群跃然眼前。

仿佛是一场盛大的佛会。五百尊罗汉五百个神态，五百个神态源自五百颗灵魂，五百颗灵魂演绎着五百种内涵。五百罗汉的每一个眼神，都是心灵交汇而来；五百罗汉的每一个表情都是灵魂渗透而得。于是根雕的世界就活泛起来，这五百个活生生的鲜亮的生命，就是他心灵深处的完美与至真。

心若不安静，怎能勾勒悟透禅机的佛像；心若不宏大，怎能安放释然佛理的佛像。没有佛性，怎么能雕出栩栩如生的佛像，没有佛心，怎么能赋予神情各异的罗汉。他心里有佛，佛就在眼前，他心里有根，根就拥有生命，他心无旁骛，他的眼里只有根的神态；他心无杂念，他的心里只有根的世界。他是上苍派来延续树的生命的使者，也是上苍派来用根雕演绎佛的极乐世界的使者。

他的眼里没有荣誉的光环闪耀，只有根雕的灵气熠熠发光。他的心底没有名利的贪念，只有至美境界的追求。

如今他再也不是世人眼中不务正业的人，而是获奖无数的艺术家，各种荣誉纷至沓来——"浙江省工艺美术大师""浙江省民间艺术家"，联合国教科文组织授予"一级民间工艺美术家"称号，他的名字被纳入《中华人物辞海》。

然而诸多令人钦佩羡慕的荣誉，也抵不上根雕在他心目中的分量；诸多让人望尘莫及的名利，也抵不上根雕在他眼里的魅力。

他不喜欢走在红地毯上，说踏上去会悬浮起来，他只愿意走在实在的土地上，他不留恋城市的奢华，只陶醉在根雕的世界里。

他不愿意为名所累，不愿意为情所困，不愿意为利所囿。别人说他是"根疯子"，他什么都不愿意做，只愿意做一件事，心中只有根，所以成了根雕之王。

而我们大抵是因为什么都愿意做，所以一事无成。而且有的人只想如果我做了，会得到什么呢？有些人做了很多，就想应该得到什么呢，所以抱得"大师"的称号就四处招摇。

其实人生不是你是什么，而是你做了什么。人生的价值不是你拥有什么，而是你创造了什么。

就如他——不想出名却也闻名遐迩的当之无愧的根雕大师徐谷青。倘若他也如世人琐碎繁杂斤斤计较，如世人卿卿我我缠绵纠葛，如世人逐名追利浮华虚荣，怎能缔造世界最大的根雕王国。

在没人知道自己付出的时候，不要表白；在没人懂得自己价值的时候，不要炫耀；在没人欣赏自己才能的时候，不要气馁；在没人理解自己志趣的时候，不要困惑。被人理解是幸运的，不被理解也未必不幸。做人低调一点，你会一次比一次稳健；做事高调一点，你会一次比一次优秀。

# 光阴里每一步全是修行

经受住苦难的考验，苦难是一笔财富，它会锤炼人的意志，使人获悉生活的真谛。中国有句成语说，苦尽甘来。另一句又说，吃得苦中苦，方为人上人。这些都是鼓励人要经受住苦难的考验，在面对苦难的时候要忍耐，要有希望，只有保持这样一种心态，才会走向人生的辉煌。

那年，他17岁。

家贫。

过年吃饺子，只有爷爷奶奶可以吃到白面包的饺子。母亲用榆树皮磨成粉，再和玉米面掺和在一起，这样可以把馅儿裹住，不散。单用玉米面包饺子包不成，那饺子难以下咽……但记忆中他可以分得两个白面饺子，小心翼翼吞咽，生怕遗漏了什么，但到底遗漏了什么……还未知何滋味，已经咽下肚去。

衣裳更是因陋就简。老大穿了老二穿，老二穿了老三穿，裤子上常常有补丁，有好多年只穿一两件衣服，也觉得难看，但撑到上班，仍然穿补丁衣裳，照相去借人家衣服……说来都是悲辛。

记忆最深的是17岁冬天，同村邻居亦有18岁少年，有亲戚在东北林场，说可以上山拉木头，一天能挣三十多块。他听了心动，两个人约了去运木头，亦不知东北有多冷。他至今记得当时多兴奋，铭刻一样记得那地名——额尔古纳左旗，牛耳河畔，中苏边界，零下49摄氏度，滴水成冰。

每日早上五点起床，步行40里上山。冰天雪地，雪一米多厚。拉着一辆空车上山，一步一滑。哪里有秋衣秋裤？只有母亲做的棉衣棉裤，风雪灌进去，冷得连骨头缝都响。眉毛是白的，眼睫毛也是白的，哈出的气变成霜，腰里鼓鼓的是两个窝窝头。怕窝窝头冻成硬块，用白布缠了，紧紧贴在肚皮上，身体的温度暖着它，不至于冻成硬块咬不动。

不能走慢了，真的会冻死人。拉着车一路小跑，上山要四个多小时。等前胸后背全是汗了，山顶就到了。坐下吃饭，那饭便是两个贴在胸口的窝窝头，就着雪。到处是雪，一把把吞到肚子里去，才17岁，那雪的滋味永生不忘。

然后装上一车木头，往山下走，下山容易些，控制着车的平衡。上山四个小时，下山两个小时，回来时天黑了。

那是他少年时的林海雪原。

进了屋用雪搓手搓脚搓耳朵，怕冻僵的手脚突然一热坏死掉，脱掉被汗湿透的棉衣，烤在火墙边，换另一套前天穿过的棉衣。晚餐依然是窝窝头。第二天早上照样五点起，周而复始。

一个月之后离开时，他怀揣一千块钱。一千块钱在70年代是天文数字，那时的人们一个月的工资不过二十几块。

回家后，母亲看他后背上勒出的一道道紫红的伤痕，放声号啕。

那一千块钱，给家里盖了五间大瓦房。他说起时，轻声细语，仿佛说一件有趣的事情，听者潸然泪下。光阴里每一步全是修行，不自知间，早已自渡。那零下49摄氏度的牛耳河，霸占着他17岁的青春，直至老去，不可泯灭。


生活中的许多苦难，让我们学会了承受，学会了担当，学会了在泪水中挺立自己的灵魂，学会了在坚韧中亮化自己的人格。生活从来都是波澜起伏的，命运从来是峰回路转的，因为有了曲折和故事，我们的生命才会精彩。有时候，哭泣，不是屈服；后退，不是认输；放手，不是放弃；沉默，不是无话可说。

# 以一种别样的姿态，在风雨中歌唱舞蹈

人生难免经受挫折，风雨过后就是彩虹；生活难免遭受苦难，雨过天晴终有阳光。你学过的每一样东西，你遭受的每一次苦难，都会在你一生中的某个时候派上用场。在希望中得到欢乐，在苦难中保持坚韧。

和前几次一样，她高考前最后的模拟成绩依然稳居一本线之上，这让一向文静的她心里更多了一分把握，毕竟家境清贫的她，也希望通过高考来改变命运。

就在她脸上的欣喜还未退却，家中突然传来意外消息，身体一向好好的母亲突发脑出血，虽尽全力治疗，却终未能逃过瘫痪的厄运。高额的治疗费用，使得本就清贫的家更加窘迫不堪。百般思量，在一个阴冷的早晨，无奈的父亲撇下卧床的母亲和正在上学的弟弟和她，咬咬牙，扛着行李出外打工去了。

那个星期天，她回家探望母亲，进得屋门，她一下子惊呆了，母亲满身尘土地躺在地上，弟弟惨白着脸，抱着母亲惶恐地大哭。原来，瘫痪在床的母亲不慎从床沿跌下来，吓坏了束手无策的弟弟。眼见得家中锅灶冰冷，满目凄凉，她不由得待在那里，泪流满面。

她决定回家照顾母亲，此时，距高考仅有一个月的时间。老师的挽留，父亲的劝告，都未能改变她的决定。母亲躺在床上一次次落泪，怨自己耽误了女儿的前程。她却安慰母亲："我成绩不好，待在学校简直是受罪，不如回来陪你们。"回到家，她给弟弟做热腾腾的饭菜，给母亲洗脸梳头，每天推着母亲出门晒太阳。阳光晴好，她的心也渐渐暖起来，曾经的苦难，都会过去的。

就在她满心憧憬未来时，外出打工的父亲因身体不适突然返家。她陪着父亲去了医院，繁复的检查下来，结果却如晴天霹雳——肝癌！那个上午，她在医院的走廊里哭得痛不欲生。哭过之后，她开始准备父亲住院事宜，筹钱、办住院手续，悉心护理，还要兼顾家中的母亲和弟弟，每天24个小时，困极的时候，她只能见缝插针小憩一会儿。在家和医院之间，她就像一只不停旋转的陀螺，奔忙不停。

经历了两年生死边缘的痛苦挣扎，患病的父亲还是走了。跪在父亲的坟头，她泪如雨下，生活的艰辛和劫难，让刚刚涉世的她承受了太多的苦痛。岂料，三个月后，瘫痪的母亲也撒手西去。望着空荡荡的家，她再没有了落泪的力气。身旁，是还未成年的弟弟；桌上，是父母留下的欠款本，这以后的所有，她都必须扛起。

她拿着欠款本，挨门逐户地询问，她知道，有的欠款是在她不知道的情况下父母借的，但她不想漏掉任何一笔，毕竟，那些都是乡亲们的血汗钱，不管以后的生活如何困难，这个钱都必须要还。她统计了一下，近6万元，这对两个孩子来说，无疑是一笔天文数字。

为早点还清欠款，她一边打工，一边节衣缩食。每月2000多元的工资，其中600元作为弟弟的生活费，再拿出1000元用来还债，其余的应付家里必要的开支。如花的岁月，她不舍得为自己买一件新衣服，那件肥大的工作服，经年地陪伴着她，裹起她瘦弱的身子。她也从不为自己增加营养，弟弟功课繁重，更需要补养的是弟弟。看着瘦弱的她加班加点累到体力不支，亲友心疼得直掉泪，有的说："还钱的事不急，先过好你们的生活就行。"有的干脆说："不用还了。"她却态度坚决，钱，一定要还！

谈到弟弟，被生活的重担一直苦压的她忽然笑脸如花，她说弟弟学习很好，一直都是班里的第一名，将来考个好大学没问题。现在，她已经开始为弟弟准备上大学的学费了。

她的善良、坚强和执着感动了许许多多的人。2015年1月，即墨市政府授予她"即墨道德模范"，之后，即墨市"好人基金"拨给她两万元援助资金。这个用坚强打动了无数人的女孩，就是青岛即墨店集镇女孩马俊俊。

有记者问她："面对苦难，你真的不曾动摇、悲观和放弃吗？"她思忖片刻，说道："有一种芦苇，当阳光晴好的时候，它们平和安然，默默成长；但是当风雨来临，它们会一改往日的挺直，躬身弯腰，在风中舞蹈歌唱，以一种别样的姿态，顽强度过风雨侵袭的时刻。我想，我就做一株会唱歌的芦苇吧，在苦难的风雨中，努力歌唱，顽强生存，等待云开雾散朗朗晴天的到来。"

碰到一点压力就把自己变成不堪重负的样子，碰到一点不确定性就把前途描摹成暗淡无光，碰到一点不开心就把它搞得似乎是这辈子最黑暗的时候，大概都只是因为不想努力就放弃而找的最拙劣的借口。没什么值得畏惧，你唯一需要担心的是，你配不上自己的野心，也辜负了曾经历的苦难。

# 把苦难当成磨炼的机会

请感谢伤害你的人，因为他磨炼了你的心志！请感谢绊倒你的人，因为他强化了你的双腿！请感谢欺骗你的人，因为他增进了你的智慧！请感谢藐视你的人，因为他觉醒了你的自尊！请感谢遗弃你的人，因为他教会了你该独立！感谢自己，在经历了一切磨炼之后，还在坚持自己的梦想！

清早，湖南省株洲市芦淞区白关镇的一个美术培训班外，10岁的小男孩罗立新偷偷地趴在窗台上，聚精会神地聆听教室里老师给学生讲课，眼睛专注地看着老师在黑板上的一笔一画。

发现窗户外面的孩子，老师立即来到窗子边问："你究竟在这里做什么？"罗立新连忙说："我想听你讲课。"老师十分气愤："怎么可能免费听课？我不允许你听，请你赶快离开。"

罗立新的家在团山村，从小喜欢作画，可惜父母都是农民，家庭十分贫困，既没有能力给他买涂料和画纸，也无法送他去学习美术。听说镇上有美术培训班，他干脆悄悄去偷听老师上课。

在受到老师指责后，罗立新只得赶紧回家，走在回家的路上，他不仅没有沮丧，反而去路边找来树枝，在地上边回忆边作画，将刚刚学习到的画图诀窍练习三遍，然后才蹦蹦跳跳地回家。

第二天早晨，罗立新到达美术培训班门外，勇敢地假装上课的学生进入教室，希望老师没有注意到自己，以便在里面认真听课。只是他的衣服非常破烂，老师来到教室轻易就将他认出来。在生气之中，老师手里的棍子朝着他的身上用力地打下来。

"你怎么又来偷听我讲课？马上滚出去！"老师在叫喊的同时，还伸手抓住罗立新的脖子，就像老鹰抓小鸡那样，异常轻松地将他揪出教室。罗立新身材矮小，老师的力气很大，将他的脖子掐得万分疼痛，给他留下无比深刻的印象。

哪怕遭到老师抽打，罗立新还是没有放弃对梦想的追求，每当有空闲的时候，他就去自家的房屋后面，用树枝来回在土砖墙上涂鸦。如果听说村庄里哪家刷墙，他便会主动去帮忙，用剩的油漆他可以拿回家，当作画画的颜料。

没有钱购买美术教学的书籍，罗立新就找朋友帮忙，为他借来一本陈旧的美术书，他在草稿纸上自学。这本300多页的美术书籍，成为罗立新少年时期唯一的教材，甚至是他学习绘画的启蒙老师，他将书里的每幅画临摹三四次，模仿得滚瓜烂熟。

17岁那年，罗立新来到株洲市区，白天在工地上挑泥土，晚上自学作画。4年后他进入河西的酒店里做服务员，休息的时候工友都出去玩耍，只有他在宿舍里自学篆刻、玻璃画和剪纸。经过日积月累，罗立新的画作不断多起来，除了宿舍里到处挂着他的画之外，他还挑选几幅满意的作品裱好，挂到酒店的厕所里。

画家周伟钊到酒店办事，如厕时看到罗立新的几幅画，觉得他独特的画风很有趣。在酒店找到罗立新，知道他的家庭情况后，周伟钊当即主动表态，准备免费亲自教他作画。于是，罗立新第一次接触到国画，他的画家之路，从零散的自学，变成专业的学习。

在周伟钊的热情指导下，罗立新的绘画技术有了很大提高，逐渐成长为职业画家，他还在株洲市天元区租了一间房子当作画室。作画的同时，罗立新也开始关注孩子的成长，他认为零散不专业的教学，难以提高孩子的绘画技巧，他决定自己打工6年挣的4万元办专业的培训班，全心全意教孩子作画。

经过慎重考虑，罗立新又在天元区租了一间小房子，购买绘画用品和桌椅，开办公益美术培训班，利用周末免费指点孩子学画。在不足10平方米的培训班里，最初只有5个孩子、一张课桌、一块广告纸做成的小黑板和一些借来的旧课本。

开设培训班后，罗立新自己出钱印刷宣传单，亲自上门发放，争取让更多的家长和孩子知道他的公益课堂。随着他的大力宣传，很多来株洲打工的人都将孩子送来听课，最多的时候有80人，房间里挤得水泄不通，连门口都站着人。

通过多年忙碌，罗立新的公益事业越做越大，他已经开设4个免费培训班，还是6个乡村小学的义务美术老师，这些学校由于各种各样的原因，没有专业的美术老师，他每周义务到学校上一次美术课，教孩子描绘美丽的图画。

罗立新比较忙碌，白天要奔波在株洲各区，给遍布各地的学生上课，自己只能在夜间作画。培训班的开支，全部来自他出售画作的收入，他不仅要支付几个教学点房屋的租金，还要给学生购买教材、文具、纸张、涂料和奖品，留给家里的钱微乎其微。

作为湖南省美术家协会会员，罗立新拥有让人敬佩的炙热爱心，每天他骑着摩托车从家中出发，在培训班和几所乡村小学之间奔跑，每周辗转200多公里，每年的行程超过10000公里，9年以来累计免费指导5000多名孩子作画。

接受采访的时候罗立新说："虽然世界给我带来苦难，导致我在精神上受到伤害，可是我不能消极面对，而要怀着积极的情绪，把苦难当成磨炼的机会。无论遭遇多少不幸，只要改变自己的态度，就会发现世界依旧是美好的，是值得歌唱和奉献的。"

生活中的许多苦难，让我们学会了承受，学会了担当，学会了在泪水中挺立自己的灵魂，学会了在坚韧中亮化自己的人格。生活从来都是波澜起伏的，命运从来都是峰回路转的，因为有了曲折和故事，我们的生命才会精彩。相信这个世界里美好总要多过阴暗，欢乐总要多过苦难，还有很多事，值得你一如既往的相信。因为只有愿意相信，才能看得见美好。

# 在光阴里慢慢沉淀自己的千山万水

世界上最厉害的本领是什么？是以愉悦的心情老去，是在想工作的时候能选择休息，是在想说话的时候保持沉默，是在失望的时候又燃起希望，顺从且平静地，背负起自己的十字架。年轻人精神抖擞地，走在神赐予的道路上也不妒不羡。

他个子太高了，即便坐在椅子上，我还是得站着看。

喜子拨开自己浓密的黑发，笑着说："你看，这都掉没了呢！"

一块块脱落的痕迹，露着白白的头皮，看得心一惊一惊的。他原本有着黝黑发亮的头发，那么好。而今，不过才三十几岁啊！

那时，他是意气风发的少年，瘦，高，爱笑；那时，他爱学习，暗地里发誓，再也不要种地了，太苦；那时，他迷恋军人，找一个因由，来不及完成学业，就去了部队。

服役期满后，一个人跑到满洲里去做生意，遭人骗，几乎是片甲不留，铺盖卷也没要，孤零零跑了回来。他成了落单的大雁，一个人在广阔的碧空里飞呀飞。

累吗？累；苦吗？苦；放弃吗？不。

他筹集资金，和兄弟做起了纸箱厂，做得坎坷，做得认真，做得踏实。纸箱厂一点点步入正轨。

夏天的天，说变就变。一场大雨，毫无征兆，瓢泼而来。几十万元的纸箱，顷刻化为纸浆。他紧绷着红薄的嘴唇，一言不发，他不相信，老天真的就这么对他？可是，自己也不能拖累兄弟啊！

静下来，细细算了账目，背负下所有的债，他很明白这意味着什么。

日子总得过，前程总得奔。发展的平台总能找到，他去了企业做销售。从点点滴滴做起的日子，忙碌的日子，哪里知道日出的美、日落的妙。

那年冬天的一天，有点阴，有点雾。喜子刚刚走出一家公司，便接到另一家客户的电话，要求第二天上班前把资料送到。

看看天，将黑的样子。而到那座城市，还有四百里地。冬天，天很短，眨眼便黑。容不得人有丁点儿的犹豫，发动汽车，走！高速公路是不能走了，只能选择普通公路。晚饭自然是来不及吃了，带上资料上路。他踩紧了油门，争取天黑之前多走一点路。可终究是四百里呢，当雾气浓重能见度不足几米的时候，走了不过百里。

路，完全看不见了，只能一点点往前挪。走上几里路，遇到村庄，村庄里早没了走动的人，都安静地窝在家里。喜子下车，敲开亮灯人家的门，问这是哪里，接下来该怎么走。问清了，继续上路，遇到村庄，再问……

一路问，一路走，凌晨五点的时候，到了对方公司门口。停下车，慢慢缓过神来，才感觉到僵直的腿、麻木的肩。一路的紧张，早就忘了这一切。

太阳不情愿地出来了，喜子却精神抖擞地迈进了公司的大门。那笔订单，意料之中地生根发芽。

都以为销售是个美差，天南海北的，可其中的辛苦，谁又能体会呢？喜子从不说啥，还是那副笑嘻嘻、万事不难的模样。

债，慢慢还了，还有了一些积蓄，和老板的配合也越来越好。

他的心，却不安。大哥唯一的儿子因车祸去世，二哥下了岗，三哥家的菜园也不再景气。他时常微笑着的额头，有了一丝浅浅的皱。不声不响地，他给大哥找了力所能及的活，分散精力，带着二哥做销售，让三哥去工厂打工。这个家里最小的兄弟，一下子成了一座山，扛起了他想扛起的一切。

头发，开始掉，一绺一绺地掉，掉得惊心动魄，他还是笑着让我看。喜子说："有时候好累，想停，却停不下来。"说的时候，还是一脸的笑，笑得人心跟着他疼。

日子也在他的笑里，一点点葳蕤起来。头发也出奇地长好了，真是皆大欢喜。

前些日子，出差回来，去看老爹老娘，忽然一阵腹痛，他以为自己吃得不合适，不作声，坚持着，怕惊动了老人。坐在饭桌旁，已是冷汗直淌。匆匆吃了一点，谎说有事，按着肚子，直奔医院。

倒在急诊床上的刹那，人事不省。再醒来，已是第二天清早。医生说，急性胆囊炎，会要了命的。喜子听了，呵呵笑，说："这不还活着嘛！"其实，他知道，在鬼门关上走了一遭。

中午输液刚刚结束，喜子就要求出院，只因刚刚送出的货出了一点问题，他答应客户三天之内解决。

医生说他疯了。可是，他还是坚持出了院，开车九个小时，去了威海，解决了客户的问题。

事情圆满解决的时候，病情反复，没办法，再次住院。

例会上，老板说："看，跑销售就得有这个劲。"

他低头不语，他知道，自己骨子里流淌的是什么。

那天，不常发微信的喜子，发了一条微信："经历了，才感受到；付出了，才感觉到。不要说累，因为你是亲人和朋友的支柱，不要放弃，因为你是亲人和朋友的希望。"

喜子曾经发誓，再也不种地了。可是，前年春天，他在家乡承包了几百亩地，他说，他喜欢看那些绿油油的苗，像自己的孩子。忙里偷闲的时候，去地里，静静的，很美好。

人活到一定岁数，都是一点点往回收的吧，回归到最开始的本真。很多的喧嚣繁华，都在光阴里慢慢沉淀自己的千山万水。他憧憬着。

他爱摄影，希望自己老的时候，会有一间屋子，有阳光照进来，阳光里有一把老藤椅，藤椅上坐着一个安然的老人，而屋子里挂满了自己的摄影作品。

喜子，是我学生时代的同桌。这些年，我断断续续地经历着他的经历。写这些的时候，我说："给你换个名字吧？"他哈哈一笑："嗨，没那么麻烦，喜子就好。"

是的，我一直叫他喜子，这一叫就是二十多年。过去这么叫，现在这么叫，将来还这么叫。因为，有一种生活叫——喜。


不管昨夜经历了怎样的泣不成声，早晨醒来这个城市依然车水马龙。开心或者不开心，城市都没有工夫等，你只能铭记或者遗忘，那一站你爱过或者恨过的旅程，那一段你拼命努力却感觉不到希望的日子，都会过去。

# 靠近优秀，告别黑暗

雄鹰在鸡窝里长大，就会失去飞翔的本领，野狼在羊群里成长，也会爱上羊而丧失狼性。人生的奥妙就在于与人相处。生活的美好则在于送人玫瑰。和聪明的人在一起，你才会更加睿智。和优秀的人在一起，你才会出类拔萃。所以，你是谁并不重要，重要的是，你和谁在一起。

和优秀的人相处，给我最大的感受就是自己也会慢慢变优秀，大三那年我们班从生物系转来一个男生，穿着白衬衣浅色牛仔裤，一笑两个酒窝，酷似张智霖。后来分到我们隔壁寝室，他去之前隔壁寝室就是个生化炸弹研究室，各种泛黄的内裤和滴着黑水的袜子，每个人去他们寝室的第一句话都毫无新意：真臭！

他去之后晚上花了三个小时把寝室收拾得焕然一新，地板可以反光，桌椅整整齐齐，他们寝室的人从外面high完进门后连忙说：不好意思走错门了。出门后看看门牌又揉揉眼睛。

然后他隔两天就拿拖把把寝室拖得干干净净，也没什么怨言，弄得他们寝室的人都不好意思，但是他并非有洁癖，他只是需要一个干净的环境而已。

他每天早上七点钟左右起床，然后去操场跑步，跑个三五圈后回寝室换衣服，再吃早饭，一整天都精精神神的，我从未看到他表现出疲态。

他跟每个人说话都很和气，脸上带着微笑，有人找他帮忙他都会热心地帮别人解决问题，刚来我们班半个月选班长的时候就以近全票的人气获得职位。

野炊的时候他买物资订车借相机拿烧烤架，整个流程井井有条，邻班表示羡慕不已，他们上次搞活动带吃的没带够差点要吃人了。他甚至还弄了几块毛毯，给女孩子铺着玩扑克，当时就有三个姑娘表示以后要为他生孩子，他只是腼腆地笑笑。

篮球赛的时候他身先士卒，又打比赛又当教练布置战术，拿了全校第二，第一是体育系，毕竟我们体能跟不上，打完那一天他请所有队员吃了顿饭，说感谢大家的拼搏成功失败皆骄傲，大家都很感动。

他很慷慨，只要同学在超市碰到他，他都会请人喝点饮料吃点东西，弄得我们挺不好意思的，一看到他都按住他的手说："班长，我请你喝可乐，给次机会。"

他不喜欢玩游戏，喜欢去图书馆看书，一待就是一上午，谈吐很风趣，和他交流如沐春风，我们班主任有事没事就爱叫他去办公室聊天。

读到现在你是不是觉得他是穷家小户杀出来的？

并不是，他爸爸有自己的公司，他妈妈是武汉某医院的主任，家里资产保守估计八位数，他完全可以像富二代一样开豪车泡美女，但是他没有，他用虔诚的态度对待生活，对人生的每一刻都如最后一刻一样珍惜。

而更让人诧异的是，他们那个寝室的六个人，一毕业在大家还在摸爬滚打的时候就全部成了白领，在各自的公司混得如鱼得水。

优秀的人就像一团光芒，和他们待久了，也就再也不想走回黑暗了！


内心越独立，重要的人就越少。有些人，你看不清，不是因为相隔太远，而是因为走得太近。有时候，你以为有的人变了，其实不是他们变了，而是他们的面具掉了。多和优秀的人在一起，他们就像一团光芒，待久了，就再也不想走回黑暗了。

# 为你的人生做一个正确的选择

人的一生，选择与命运相连。你选择了圆满，却付出了艰辛；你选择了高尚，却遭遇了卑微；你选择了文明，却在野蛮中行进。你越是坚持你的选择，或许你承受的却是一生的磨难。不过，你选择了飞翔，总能看到蓝天；你选择了远航，总能感受大海。要选好人生的选择，也要坚持住选择的坚持。

有一个非常勤奋的青年，很想在各个方面都比身边的人强。经过多年的努力，仍然没有长进，他很苦恼，就向智者请教。

智者叫来正在砍柴的3个弟子，嘱咐说："你们带这个施主到五里山，打一担自己认为最满意的柴火。"年轻人和3个弟子沿着门前湍急的江水，直奔五里山。

等到他们返回时，智者正在原地迎接他们——年轻人满头大汗、气喘吁吁地扛着两捆柴，蹒跚而来；两个弟子一前一后，前面的弟子用扁担左右各担4捆柴，后面的弟子轻松地跟着。正在这时，从江面驶来一个木筏，载着小弟子和8捆柴火，停在智者的面前。

年轻人和两个先到的弟子，你看看我，我看看你，沉默不语；唯独划木筏的小徒弟，与智者坦然相对。智者见状，问："怎么啦，你们对自己的表现不满意？""大师，让我们再砍一次吧！"那个年轻人请求说，"我一开始就砍了6捆，扛到半路，就扛不动了，扔了两捆；又走了一会儿，还是压得喘不过气，又扔掉两捆；最后，我就把这两捆扛回来了。可是，大师，我已经很努力了。"

"我和他恰恰相反，"那个大弟子说，"刚开始，我俩各砍两捆，将

4捆柴一前一后挂在扁担上，跟着这个施主走。我和师弟轮换担柴，不但不觉得累，反倒觉得轻松了很多。最后，又把施主丢弃的柴挑了回来。"

划木筏的小弟子接过话，说："我个子矮，力气小，别说两捆，就是一捆，这么远的路也挑不回来，所以，我选择走水路……"

智者用赞赏的目光看着弟子们，微微颔首，然后走到年轻人面前，拍着他的肩膀，语重心长地说："一个人要走自己的路，本身没有错，关键是怎样走；走自己的路，让别人说，也没有错，关键是走的路是否正确。年轻人，你要永远记住：选择比努力更重要。"

"一只鸟能选择一棵树，而树不能选择过往的鸟"，这句话我觉得很有道理，鸟要选择一棵树是必然的，选择哪棵树则是偶然的，除非鸟不能飞或者只剩了一棵树，人的生活就像一棵树，一般来说，生活不会选择人，只有人去选择生活，或者说去适应某种生活方式。

选择，对于人生来讲非常重要，可惜好多人在明白什么是正确的选择时，往往已经太迟了，人生路上，关键是要明白自己想要什么。每个人都要结合自身素质和条件、兴趣和特长，去选择自己的人生目标，走出一条适合自己的人生之路，如果选择了一条正确的道路，那么人生旅途就可以少许多的烦恼和遗憾。

从现在起，我开始谨慎地选择我的生活，我不再轻易让自己迷失在各种诱惑里。我心中已经听到来自远方的呼唤，再不需要回过头去关心身后的种种是非与议论。我已无暇顾及过去，我要向前走。

# 你有多优秀源于你有多孤独

　　每个人都一样，都有一段独行的日子，或长或短，这都是无可回避的。不必总觉得生命空空荡荡，放心吧，一时的孤独只是意味着你值得拥有更好的。任何一颗心灵的成熟，都必须经过寂寞的洗礼和孤独的磨炼。世界的真相就是这样，孤独让你强大，让你成为一个更好的人。

　　一家著名公司的董事长经历了三次重大的公司危机均化险为夷，使企业屹立不倒，记者问他："您将公司转危为安的灵感来自何处？"他说："林中独步。"

　　我深有感悟，有的时候，我们忙碌了很久却找不到解决问题的思路，是因为我们焦急的情绪和浮躁的心态掩盖了事物的根本，这让我们仅仅在表层着急忙碌，做了大量的无用功，反而效果甚微。

　　在更多时候，独处产生感悟，感悟产生灵感，灵感产生进步。我的很多工作灵感是在睡前躺在床上，在黑暗与沉寂当中让全身心放松下来，灵光乍现想出来的。每当此时，我就会拿起床头的手机或者apple touch或打开笔记本电脑或拿起身边的纸笔，记录下脑中瞬间闪过的灵感，然后马上电话通知我的团队成员，第二天他们就将这些灵感转化成非常精彩的工作创意，取得难以想象的好结果。这个习惯让我逐渐明白：彻底的思考常与彻底的孤独为伴。

　　有一句歌词这样唱："孤单，是一个人的狂欢；狂欢，是一个群人的孤单。"唱出了很多人的心灵状态。现在的人无法逃避的就是——孤独，心灵的巨大孤独。有人说：人，生来孤独，因而也惧怕孤独，很少有人能够真正坦然地面对孤独。我只承认这句话的前半句话，后半句是错得一点谱都没有！我的理由非常简单，现在的人虽然身处闹市，但是心灵没有安顿的地方。如果他们不能坦然地面对孤独，又能怎样？所以，必须学会坦然面对孤独。坦然也得坦然，不坦然也得坦然！你别无选择。每个人都应该学会面对孤独，这是成熟人格的一个基本特征。也许是独生子女的原因，除了父母之外我的身边就没有太多的人陪伴，只有书籍是我最好的伙伴，所以从小我就学会了与孤独相处，我认为我可以忍受比较大的孤独，甚至依赖迷恋这种孤独。

我非常痴迷功夫电影，从小到大，都是如此。我发现了一个秘密：功夫电影中的绝顶武林高手都是孤独的，也在孤独中创造了不少绝世武学。张三丰，闭关思考，悟出以柔克刚的太极拳与太极剑，终成一代宗师。我觉得，当一个人真正孤独地面对自己并开始思考时，这个人才开始成熟，因为只有这个时刻才有了创造的可能。

看过刚刚风靡华人世界的电影《叶问》的人都知道，叶问是一个喜静的人，让我印象最深刻的镜头就是叶问与木人桩的独处，他总是无言无语地用木人桩练习咏春拳，脸上没有丝毫的表情，也许他在这种孤独与静寂中与自己对话，独自探索咏春拳最深处的奥秘。

我书房的窗户正对着这个城市最繁华的街道，但是每个周末我总是喜欢静静地坐在书桌前开始我的写作与思考。不远处的熙熙攘攘、车水马龙与我书房内的安静祥和形成了极为夸张的对比，而我却非常珍惜这种闹市中的安静，正是这种安静让我想通了很多平时在热闹的办公室里百思不得其解的难题。每每想起一个个安静思考、快乐写作的日子，我都能真切地感受到那种"世界峥嵘，心灵锦绣"淡定和从容。

现在很多专家都在讲建立人脉，但很少有书叫人去孤独，建立人脉的成功方法并没有错，但是拿出一定比例的时间进行孤独的思考，形成一种通盘的布局也是确保你的奋斗能够成功的必备条件。

夜晚，是面对孤独最恰当的时候，但是现在的很多人，惧怕这份心情，就把时间交给了电话与网络。我时常觉得电脑和网络的产生让人越来越没有思想了，想象力更加的贫乏了，我写的文章观者甚众留言甚少，而我上传的视频和图片却能引发汪洋的评论。

没有人承认自己一生会碌碌无为，但似乎又没有人心甘情愿地去与孤独为伴。这个年代，很多人憧憬的比较浮躁：金钱、美女美男、地位、娱乐、周游世界，这些都是漂浮在表层的人类需求，很少有人问问自己的内心深处最最想要的是什么。

我非常赞同一种说法：真正优秀的人一定觉得自己是孤独的，他们也清醒地认识到自己的优秀来源于一份孤独。

万科的王石是孤独的，但是中国地产第一品牌的形成应该得益于这份独守，同时王石以六十多岁的高龄问鼎珠峰，成为中国企业家登山第一人；

张海迪是孤独的，这位坐在轮椅上的作家、学者以惊人的专注和坚守完成了很多健全人从来不敢想象的著作，现在的她继邓朴方先生以后成为中国残联主席；

阿甘和许三多是孤独的，却以三流的智商和特有的愚钝和真诚成就了很多聪明人几辈子的累积也难以企及的成就。

世界上分成三种人：人手，人才和人物。后两种人往往是孤独的，"人才"会承担一定程度的孤独，而"人物"会享受当下的大孤独！

每个人对着镜子中的自己询问：你，够优秀吗？

但是，你最好先问问自己：你，够孤独吗？

每个人都有孤独的时候，很多人并不是你印象中的纸醉金迷，他们不为人知的孤独你没看到罢了，不要因为一时的空虚打乱了你的坚持你的思想。我们都一样，要学会承受人生必然的孤独，过了，才能看见美好繁华。如果你现在感到很孤独，那么孤独就是上帝在提醒你，该充实自己了。

# 不用急着去炫耀

　　真正长得漂亮的人很少发自拍，真正有钱的人基本不怎么炫富，真正恩爱的情侣用不着怎样秀恩爱发截图，真正玩得愉快的时候是没有多少时间传照片的，真正过得精彩的人并不需要刻意地向别人去炫耀自己的生活。你越成长越懂得内敛自持。这世界并非你一人存在。做人静默、不说人坏话做好自己即可。不求深刻，只求简单。你活着不是只为讨他人喜欢，也不是为了炫耀你拥有的，没人在乎，更多人在看笑话。你变得优秀，你身边的环境也会优化。

　　朋友小A在朋友圈发了几张穿着运动装、跑步回来后大汗淋漓的照片，并配文字：只有对自己狠一些，才知道你有多优秀，坚持，跑步ing！

　　朋友圈下面一堆朋友的点赞和评论。可是，小A在连发几天运动的图片之后，坚持不住了，又发了条朋友圈：其实坚持运动也不一定适合每个人。

　　朋友小B在朋友圈发了一堆备考书籍的照片，配文字：要好好学习了，加油！努力努力就一定行。

　　然后每天依旧在朋友圈里各种晒图。

　　朋友小C和几个朋友在饭店里吃饭，各式精致菜肴图片，用美图秀秀做了组图发在朋友圈里，并定位了某某饭店，配文字：吃完这顿就要减肥了，每天5公里慢跑！

　　也引来一堆朋友的点赞和评论。

　　而朋友小D很少在朋友圈发各种说说，很多时候我们都觉得她很落伍，不合群，我们发的说说她也很少去评论。

后来才知道就在我们每天拼命刷朋友圈的时候，她却利用这些时间考了商务英语高级证书，又在网校报了一门日语课程，现在日语已可以基本交流了。

有一次和她聊天就问她为什么很少发朋友圈，小D说只是不习惯，一来不喜欢把自己的个人生活搞得人尽皆知；二来自己只是一个普通人，也不是大明星，不需要有那么多人关注；三来自己有很多事情要做，发朋友圈太浪费时间。

想想也是。

通常我们发一张自拍照，没有半个小时应该是搞不定的，我就是这样。拍自拍真的是一件烦琐的工作，先选好位置，再选角度，咔咔咔，连拍数张，微笑的、大笑的、嘟嘴的，各种表情……但这么多张照片去掉背景不好的、角度不好的、表情不到位的，最后筛筛选选可能就几张满意的，然后对着几张照片再进行进一步美化处理。美颜相机、美图秀秀都要用上，美白、磨皮、瘦脸、瘦身、放大眼睛、亮眼、背景虚化、特效……最后发到朋友圈之前还要绞尽脑汁、字斟句酌地构思文采，这些照片要配上什么样的语言才可以比较受关注。

然后，再然后，一条朋友圈终于发出去了！

发了朋友圈后，还要时不时地看一下有没有人给点赞，给评论。有人评论了还要忙着回复评论。如果没人关注、没人点赞评论，你可能会变得越来越焦虑，甚至变得沮丧失落。

就这样不知不觉中，自己完整的时间，就被碎片化了。在信息化的社会里，我们更愿意通过朋友圈去了解别人的生活，了解各种新闻资讯，我们也更喜欢把朋友圈当成发泄情绪、炫耀生活、提升存在感的工具。

要减肥的时候发个朋友圈，要努力学习的时候发个朋友圈，确实是一种鼓励自己的方式，可是这种方式也会给自己形成一种虚假的满足感，或者说成就感，好像自己已经成功在即了一样。通常这种华丽的开始，往往更容易让结局惨淡收场，或者无疾而终。

太在意别人的目光，太追求在社交网络里的存在感，过于在网络上维护人际关系而忽略了与人在实际中的交流沟通，只在朋友圈里秀努力而实际上却根本没有坚持……

这些都只会让我们在别人的朋友圈中更微不足道，得到的更多也只是焦虑和沮丧。

所以，如果我们真的想做一件事情，那么就请先忍受孤独，默默地坚持去做，没有人鼓励就自我激励，没有人陪伴，其实一个人挺好。

不管是学习也好，减肥也好，学一门技能也好，等自己真正学有所成后，再去发朋友圈"炫耀"也不迟啊。

一个真正拥有实力的人，会有内在的光芒，吸引人去发现，绝不能也不会敲锣打鼓地外在炫耀。炫耀只会掩盖了真正的光芒，炫耀会吸引一时，得到肤浅的肯定，炫耀只会让人失去了继续追求真实本事的毅力。

# 放低你的请求

千万不要相信你能统一人的思想，那是不可能的。30%的人永远不可能相信你，不要让你的同事为你干活，而让他们为我们的共同目标干活。团结在一个共同的目标下，要比团结在一个人周围容易得多。

一个朋友想请假，来到领导的办公室，先问："今天心情好吗？"领导说："怎么了？"朋友笑答："如果心情好，我就说一件事；如果心情不好，那就改天再说。"领导当然来了兴致，请假，自然轻而易举就搞定了。

不得不说，这个朋友实在很聪明，而这聪明则体现在他很会"得寸进尺"。在你提出请求时，如果一开始就提出较大的要求，就很容易遭到拒绝，而如果你先提出较小的要求，别人同意后再增加要求的分量，则更容易达到目标，这就是"得寸进尺法"，又叫作"登门槛效应"。

西方二手车销售商在卖车时往往把价格标得很低，等到顾客同意出价购买时，又以种种借口加价。有关研究发现，这种方法往往可以使人接受较高的价格，而如果最初就开出这种价格，顾客就很难接受，不会引发购买行为。

美国社会心理学家弗里德曼与弗雷瑟曾做过"无压力的屈从——登门槛技术"的现场实验。实验者让助手到两个居民区劝人们在房前立一块"小心驾驶"的大标语牌。在第一个居民区，实验者向人们直接提出这个要求，结果遭到很多居民的拒绝，接受率仅为17%；在第二个居民区，实验者们先请求居民在一份赞成安全行驶的请愿书上签字，几周后再向他们提出立牌要求，接受者竟然达到了55%。

签字这个很容易做到的小小要求，几乎所有人都照做了，大家可能都没意识到，这个小小的"登门槛行为"对接下来的决定产生了重要影响。

这些例子都告诉我们，要让他人接受一个很大的，甚至是很难的要求时，最好先让他接受一个小要求，一旦他接受了这个小要求，他就比较容易接受更高的要求。

心理学家认为，一下子向别人提出一个大要求，人们一般很难接受。人的每项意志行动都有其最初目标，在很多情况下，人出于复杂动机常常面临对各种异同目标的比较和权衡。在同等情况下，那些简单的目标更容易被人接受。人们拒绝难以做到的事或违反意愿的请求是很自然的反应，可是一旦他对于某种小请求找不到拒绝的理由，就会增加同意这种要求的倾向。而一旦他卷入，哪怕只是事件的一小部分，便会认为自己是这个事件的一部分。

这时如果他拒绝后来的更大要求，就会出现认知上的不协调，人们都希望自己能够拥有前后一贯、首尾一致的形象，因此即便别人提出了过分要求，也要为维护形象一贯性地保持下去。于是，这种恢复协调的内部压力就会驱使他继续答应后续的要求，或做出更多的帮助，并使态度改变成为持久的现象。人们在不断满足小要求的过程中已经逐渐适应，几乎意识不到逐渐提高的要求已经大大偏离了自己的初衷。

日常生活中也常常这样。当你要求某人做某件较大的事情，又担心他不愿意做时，可以先向他提出做一件类似的、较小的事情。

你想约一个女孩吃饭，女孩很可能犹豫，如果你够聪明，肯定会说"饭总是要吃的吧，一起吃饭吧"，只要一起坐下来，那接下来是看电影还是泡吧就都是很自然的事情了。

在职场上也是相同的道理，当你在寻求他人帮助时，倘若一开始就狮子大开口，就极易遭到拒绝，反之若先提出较小的要求，对方同意后再逐渐地增加要求的分量，更容易达到目的。

你想让一个人帮你值班写调查问卷什么的，这事有点麻烦，如实相告八成会被拒绝，那就说话拐个弯，把事情模糊化，"能不能帮一个小忙"，"不会占用你很多时间"，"只要做几个选择就好了"，台阶一铺，别人自然就会跟着走了……

如果你希望同事积极地参与你企划的案子，却不是他们理所当然必须协助的事情，你就可以运用这种说话方式。首先请同事给你一点小建议，这种只要出一张嘴的工作，很少有人会直接拒绝；接下来，你才能逐步跟同事说："那这个部分能不能再请你给我具体一点的建议？"这样你就可以直接请他动手，协助你完成工作了。

　　这样的说法，就可以较轻松地让人接受你的要求了。

　　强势的人未必是强者。一个真正聪明的人，是懂得如何让自己委曲求全的人。刚者易折，柔则长存。我们应该学会完善自己的个性，控制自己的情绪，莫过度任性而为。虽然这有点痛苦，但如果想要成功，就要记住：在通往成功的路上，请放低一点对他人的请求。

# 你的安全感只能来源于你自身

所谓的安全感其实都是自己给的，因为自己不够优秀，所以不能留住喜欢的人，就觉得对方不靠谱，但那些看上去靠谱的人，有时候不过是因为没得选。你看得上的人，一定会有别的人喜欢，少有所谓的非你不可。而增加安全感的方式，无法是给自己投资。你当然左右不了别人的选择，但不能让自己没得选。

高中时，我被班上同学取了个外号叫"亚军"。名号的由来是这样的：那几年，我的考试成绩一直奇迹般地稳定在全班第二——倒数第二。你已经猜到了，还有一个叫"冠军"的家伙，常年占据班级倒数第一的宝座，雷打不动。

我们俩就这样相依为命了几乎整个高中生涯。要问我高中时期最爱的人是谁，非"冠军"莫属。虽然这么说有点幸灾乐祸，正因为有了"冠军"的存在，我才能在那几年理直气壮地不思进取。

后来，"悲剧"还是发生了。"冠军"的父母看他丝毫没有交出倒数第一宝座的希望，一咬牙把他送到了市里一所私立学校，死马当活马医了。于是，我变成了"冠军"。当上"冠军"的第一天，我就崩溃了。无助、焦虑、恐惧、不安，一时间像决了堤的洪水把我淹没，积蓄了三年的安全感瞬间烟消云散。也许是因祸得福，从此我像发了疯一样学习，高考成绩进了全班前十，去了一所还不算差的大学。

从他人的糟糕处境中，得出自己也许并没有那么糟糕的结论，然后心安理得地接受自己的不堪，这样的安全感让人停滞不前。我开始明白，从别人身上得到的安全感，至多只是虚幻的自我欺骗。真正的安全感，终究是自己给的。

然而，有些不思进取的人、浑浑噩噩的人、无所事事的人，都如那温水里的青蛙，对自己的处境浑然不觉。他们只知道，世界上还有更惨的人在，还有更多的"清蒸青蛙""油炸青蛙"在，自己尚且安全。他们从没有想过，即使身边的人处境再差，自己的糟糕处境也不会改善半分。更致命的一点是，如果以五十步笑百步变成一种优越感，那么人会把自己的糟糕看成理所当然。"只要有人过得比我惨，我惨一点又何妨"的想法，容易让人坠入万劫不复的深渊。

电影里有句台词是这么说的："看到你过得不好，我也就放心了。"其实啊，我并不是希望你过得不好，只是害怕你比我过得好，我埋藏在你身上的安全感和陪伴感从此消失殆尽。所以，多少有情人相爱相杀，多少朋友落井下石，为的就是从对方身上获取那一点点可怜的安全感。

2014年春天，在一次高中同学会上，我又见到了"冠军"。令我感到震惊的是，"冠军"成了名副其实的冠军——连续三届市马拉松长跑冠军。当年他转去私立学校之后，在学习上还是毫无起色，然而他在体育方面的天赋却被当地一所大学的教练发现。之后，他被那所大学录取，在学校田径队占据了一席之地。在接下来的三年里，他迎来了自己天赋的大爆发，三年马拉松，三个冠军。

"冠军"说："当我在跑步的时候，风在我耳边呼啸。我突然间明白，我之所以跑在最前面，并不是因为别人比我跑得更慢，而是我比别人跑得更快，这才是我的安全感所在。别人都给不了我安全感，唯一可以给我安全感的，只有我自己的强大与无懈可击。"

把安全感寄托在他人身上与自己建立安全感，是一个人弱小与强大、自卑与自信、幼稚与成熟的分水岭。从他人的弱小或者苦难上面索取安全感，只是懦夫和自欺欺人者麻痹自己的借口。因为从始至终，这样的安全感并没有让你变成更好的人。

而真正的成熟，无非就是不依赖，不索取，自己赐予自己安全感。

　　人生最遗憾的，是由于害怕而什么都没有做，活在别人嘴里和眼里，把安全感建立在他人身上，把梦想寄托在他人身上。想获得安全感，首先要把自己变得更加强大、更有魅力，收拾得好看点，事业上独立点，才能获得真正的属于自己的安全感。把安全感寄托在别人身上，是最不安全的事，无论男生还是女生。

# 努力的人总会见到彩虹

人不会一辈子倒霉，总会有云开日出的时候，而成功的机遇，总是会青睐那些有准备的人。是苦难中积聚的力量一步步将人引向成功，当你回头之时，此前艰辛打拼的那段岁月，是人生最宝贵的财富。

他出生在湖北随州的一个小山村。出生前，家里已经有了两个姐姐，由于家贫，他6岁就去割猪草。然而作为一名农家子弟，读书本该是他改变命运的一条重要的出路，可是他天生就不是读书的料，一见到书本就头晕，因而成绩很差。父母也整天唉声叹气，他知道父母对他失望了，更加没有心思念书了。

高二那年，他拿着父母给的600元钱，独自踏上了南下的火车，他决心辍学去外面闯一闯。然而刚到广州，就遭当头一棒，由于没到法定年龄，许多工厂都不要他。为了找碗饭吃，他不知跑了多少路，说了多少话。终于，一家小广告公司的老板收留了他，但只给他300元钱一个月的底薪。

接下来，他便开始了拉客户的辛苦工作。然而没有经验的他，为了不让别人骂自己是烂泥巴，他拉下脸皮，凭借一股勤奋劲，每天起早贪黑，奔走在广东的各个城市，哪里有需要的客户，哪里就有他。上天总是垂青肯努力的人，第二个月，他就拿到了3000元的工资，成了整个公司薪水最高的人。

在广东工作稳定后，他仍怕父母责罚，不敢打电话回去，只好写了封信给家里。信像所有的家书一样，报喜不报忧。半个月后，他收到了父母托老乡带来的信。信上说他母亲务农回家的途中不小心盆骨摔成粉碎性骨折，在家忍了一个星期后，最终被送到了医院。母亲急切地想见他一面。他以为那是家里骗他回去而耍的小把戏，看完后，他把信扔在抽屉里并没有在意。不料一周后，姐姐亲自到广州找到了他，他才知道母亲真的病了。

到医院见到面容憔悴的母亲，让他惊讶的是，母亲开口的第一句话不是责备他，而是问他在那里钱够用吗。听完他的心都碎了。由于母亲在家拖延数日而耽误了最佳治疗时间，完全康复需要十几万的手术费，这笔钱对于他家来说，简直是天文数字。母亲最终执意选择做个小手术后回家静养，因而落下终身残疾。

这场变故给了他一巴掌，深深地刺激了他，他恨自己无能，无力去拯救母亲。为了摆脱贫苦，他决心创业。他四处借钱和朋友在家乡开了个干洗店。开业前期，生意还不错。然而这次上天又只给了他一个美丽的开始，他们的店铺突遭一场大火，所有的东西化为灰烬。不仅母亲的医疗费没了着落，他还身背40万元的巨债。面对如此绝境，他对生命感到了绝望，几次试图从家里的顶楼跳下去，但一想到躺在床上的母亲，他就打消了这样的念头。最终理智战胜了怯懦，他以对生命的珍重和责任的担当扛起了这一切。他告诉自己：人不会一辈子都倒霉。

2007年，为了给母亲治病，为了还债，他准备去北京闯荡，可是他身无分文。无奈之下，他只好去垃圾堆里拣废品，凑齐了车费只身来到了北京。在那里，他先后做过酒店门童、小工、销售等等，最终他在一家网络公司结束了自己困难的生活。从1000元月薪的普工，做到了年薪13万元的部门经理。而正当一切走上正轨，债务开始减少，女朋友也出现在他生活里时，老家却传来了噩耗，爷爷奶奶相继去世，奶奶临死前还将传家宝交到他手上，让他还债。从此，他债上加债。

回到北京后，他将悲痛化为工作的动力。偶然一次，他在网上看到一段视频，一种叫笨山大叔的中国台湾饮食吸引了他。笨山大叔是一种可以不用厨房和厨师就可以做成的美食，且口味相对统一。这不正适合大陆日益壮大的工薪阶层和新一代不会做饭的"懒汉"们吗？一向做事果敢的他决心辞职，再次创业。然而此举遭到女友强烈反对。女友说："你放弃这样的高薪工作，先别说风险，你家里那些债也没了着落。你这样做，太冒险了。要么你选择我和现在的工作，要么你选择笨山大叔。"最爱的人不信任他，给他很大的打击，最终两个人分手了。

在失去恋人和高薪工作后，他再次回到了从零开始的艰难时刻。他丢掉悲痛，组织团队去了中国台湾。

在那里，他多次上门请笨山大叔的独特酱料的第六代传人李文良出山。李文良听完他的遭遇后，被他的诚意所打动，同意出任他公司的技术总监。他将中国台湾笨山大叔的餐饮元素引入大陆并改良，不久，笨山大叔水晶泡泡锅、水晶烤肉、私房小厨三大系列诞生了，不仅让大陆百姓吃上了特色美食，让合伙人发家致富，更解决了几千人的就业问题，也让他从背负巨债到拥有千万身家的"水晶酷哥"。


从厌学的打工仔到"懒汉饮食"的"水晶掌门"，杨雄经历了生死的选择和磨难。对于曾经的苦难，我们认为，最美的成功总是最后到来，而人不会一辈子都倒霉。人要勇于敢于面对、尝试和挑战，胜利总是给坚持到底的人的。

# 你才是自己最大的贵人

当别人对你的态度不好，你先要想他一定有原因。如果他不正常，不必跟他计较。如果他遭遇了困难，说不定你可以帮助他。单单这种正面的想法，就能改变人间的气场。总带着慈悲心想帮助别人的人，除了自己喜乐，还会引来更多贵人的帮助。遇到贵人最好的方法，就是先当别人的贵人！

一位五十几岁的出租车司机，会拥有几间房子？1间、2间还是3间？答案是4间。不可思议吧？我也好奇。

前一阵子我从高铁左营站搭出租车，准备到屏东一所大学去演讲，在排班出租车中，我搭到一部崭新的车子。从左营到屏东的车程需要四五十分钟。一路上，司机一直跟我聊天，问我从哪来，为什么要去屏东，从事什么行业，有没有炒股票……

我很纳闷他为什么要问这些？他坦诚相告，他已经五十几岁，是一位退伍军人，没有一技之长，若只靠终身俸，和开出租车一天赚两三千新台币，是不可能致富的。因为他每天开出租车，没有时间研究股票，所以他把客人当成贵人，有机会就问客人有没有买股票，建议买哪些股票。

我很好奇，难道他不怕客人给的信息有误，让他押错宝赔钱？

"我会评估，如果客人推荐的上市公司，我曾经听过，股价也不高，就会尝试投资。"司机一边握着方向盘开车，一边告诉我，"我这辈子的主要财富都是靠客人跟我报的名牌，就连这部新车，也是靠股票赚来的。有一次载到一位科技业的客人，我一样问他有没有买股票，现在可以买哪些股票。"在对方的建议下，他买下某一只股票，大赚九十几万元，就换了这部新车。

"送您到屏东之后，我回头就要到高雄签约买一间透天厝。"

"高雄不是才刚发生气爆？怎么会想在这时候买房子？"

"危机才是入市的好时机，因为气爆，高雄房价下跌，现在只要五六百万元就可以买一户透天厝。"他讲得头头是道。如今，他已经拥有4间房子。

我们常听到一些职场成功者分享经验时，都会感谢身边有很多贵人相助。也常听到一些失败者抱怨，自己怀才不遇，总是遇不到贵人，运气有够差。

为什么会有这样的差别？我认为其实贵人就在你身边，但是贵人不会凭空出现。我们每天都有机会碰到形形色色的人，如果你不愿意跟人沟通，怎么会有贵人愿意帮你？纵使你才高八斗，但不愿意放低身段与人分享，别人怎么会知道你需要帮助？

贵人要你主动创造因缘才会出现，也许是因为你的态度、你的努力，或许是你的用心，让原本擦肩而过的人愿意回过头来帮你，不一定是金钱，也许是宝贵的信息；也许是有用的知识；也许是一句金玉良言，你的人生就此改写。

我认为有3种人一辈子都遇不到贵人：1.懒惰的人：不喜欢主动与人互动，嘴巴也不甜，怎么会有贵人相助？2.没企图心的人：沉迷眼前安逸的日子，不想改变现状，贵人又何必出手相助？3.性格不讨喜的人：有些人学历能力一把罩，但个性偏执，欠缺共感性，不懂得察言观色，也不容易获得贵人相助。

远离上述3种性格，将自己的个性调整好，贵人自然就在你身边！

不管现实多么惨不忍睹，都要持之以恒地相信，这只是黎明前短暂的黑暗而已。不要惶恐眼前的难关迈不过去，不要担心此刻的付出没有回报，别再花时间等待天降好运。亲爱的，你自己才是自己的贵人。全世界就一个独一无二的你，请一定：真诚做人，努力做事！你想要的，岁月都会给你。

# 总有一条路可以到达你想去的远方

当你下定决心做一件事，那就去尽力做，即便这件事最后没有达到你的预期回报，但你还是得认真、努力去完成，在这过程中，你会逐渐认识到自己的不足，认清自己真正想要什么。给自己一个期限，不用告诉所有人，不要犹豫，直到你真的尽力为止。无论你此刻是否迷茫，在阳光升起的时候，请相信，最好的总会在最不经意的时候出现，努力的人最终都有回报。

大二时，我被分配到新生班级给辅导员帮忙。

我第一次注意到学妹，是因为新生中秋晚会。她走到讲台上，很用力地介绍："我叫×××，来自甘肃会宁。能来上大学我很开心，不过我挺想家的……"

那时她有些微胖，脸色偏黄，短发，戴眼镜，深情得有些不自然，说完就主动隐匿到角落里。

我隐隐觉得她与别的学生不同。看她神情难过，忍不住叫住她，让她跟我去宿舍聊聊。

那一天学妹告诉我，她家有四个孩子，父母老实本分，一辈子勤勤恳恳地过日子，种地、做工、放羊、喂猪，供养他们念书。姐姐已经出嫁，妹妹在读大专，弟弟快升高中了，她是家里不太赞成上大学的那个，父母渐渐老了，想将她留在身边，毕业了，找份安稳的工作，也能随时看顾家里。但学妹不想那样过一辈子，她想去看看外面的世界。

父亲无力支持的学费，成了牵绊她走远的障碍，但她并未妥协。入学前的暑假，学妹一直在饭店里打工挣钱。一天十小时，上菜、撤桌、招呼客人，忙得昏天黑地。

她指着手掌上刚刚要结痂的几个地方跟我说："端盘子也磨手心，刚出泡的时候，我拿针挑破了，里面的水儿一出来，肉接触到空气挺疼的。"

两个月，赚了4500块钱。她一天也没有休息，又一个人拿着录取通知书去教育局申请助学贷款。她心里憋着一口气，就想出去看看，哪怕就一眼。

但刚入学第一个月，学妹就有点迷茫了。她觉得自己和周围的世界有些脱节。她不知道宿舍姑娘说的服装、化妆品品牌，也不知道最新最火的游戏、动漫，她觉得自己不知道怎么融入其中。

我听着学妹的叙述，有些动容，找出纸和笔，对她说："你写出想做的事情，一件一件实现它们。记住，不要去跟随别人，最重要的是找到自己的节奏。"

她趴在我书桌上开始写字，并跟我说："学姐，大学期间我要拿奖学金、赚生活费、买电脑，还要坚持写东西。"我看着她笑了笑，知道她已经好了许多。

为了实现想做的事情，学妹的生活开始忙碌起来。周六日去兼职，做过家教，发过传单，还做过推销员。有次在去食堂的路上碰见她，看她比入学那会儿黑了、瘦了，但脸上多了一份从容。

大学的时间过得很快，期中考试很快到来。她成绩排名年级前三，很顺利地申请到了当年的国家级奖学金。

寒假之前见她，她已经联系好了一家韩国烤肉店去当服务员。她笑着对我说："寒假时间挺长的，我想着赚点钱，给爸妈和弟弟妹妹买点东西再回家。"

我知道，我永远没有办法体会学妹的生活。她来自全国最贫困的县区，需要自己负担学费和生活费，回家之后还要帮家人劳动，洗衣做饭，放羊喂鸡，洒扫院子。但对于生活的辛劳，她从不抱怨，只是说自己终于可以自食其力，她要让家里的日子好起来。

后来，我去北京实习，渐渐少了学妹的消息，偶尔回学校才能再见她一面。她已经越变越好，虽然又瘦了，但气色不错，打扮入时。我为她感到高兴。

她说："学姐，大学最后一年我要去房地产公司实习。"

我有些疑惑，问："你不是想做记者吗？"

她眼圈微红，停了一会儿，说："家里情况不太好，有一些借款需要还。弟弟妹妹也需要花钱。我想先去房地产公司赚些钱，帮帮家里。尽了责任，再想自己。"

我心里微酸，有些心疼她。学妹明明和我差不多的年纪，却不能在最好的年华去放纵追逐自己想要的东西。梦想，对她来讲是一件昂贵的奢侈品。

我没有立场否定她的选择，只能在她需要时伸出援手。

2014年年末，学妹突然打电话给我。她激动地说："学姐，我终于攒够钱了，还清了家里三万多的外债和助学贷款，也供得起弟弟妹妹的生活费。我决定辞职，明年就找跟新闻有关的工作。学姐，你能给我推荐一下工作方向吗？"

听到这个消息我比她还高兴。这些钱对刚毕业的学妹来说，并不是小数目。她是加了多少班，拼了多少力才做到的啊？！

学妹回家前我们见了一面。从车站见到她，我有些惊喜。那天学妹穿着一件乳白色的羽毛棉服，头发已经扎起来，很精神，面带笑意，出了站就上前抱我。那天我们聊到很晚，凌晨才睡去。她躺在我身边，睡得那么好。也许，是因为她知道，她有不用惧怕未来的能力。

没几天，我接到了学妹的电话，她说去报社实习的事儿得朝后推一推。"母亲的膝盖受伤了，劳损，大概需要动手术，需要人照顾。弟弟明年高考，也需要我辅导一段时间。"

我听她说完心里有些难受。学妹也有自己的人生要过啊！她很自然地对我说："学姐，再过半年我就能做自己想做的事儿了。你知道我有多么羡慕你吗？你想去西藏，努力赚够路费就行，但我还要考虑下学期的生活；你想去北京做杂志，连老师推荐的报社实习都可以推掉，立刻赶去北京，我实习还得想想家里。但我一点儿都不嫉妒你，因为我知道，只要自己努力，接下来的日子我也可以像你们一样。"

她说得我热泪盈眶，隔着时空痛哭起来。

西北的风沙，吹过她干瘪的家境，但给了她丰盈而坚韧的精神，那些经受过的苦，使她变得坚强而独立。

家庭的背景不会左右你努力的程度，自身的相貌不能决定你变好的决心，只要你愿意努力，总有一条路可以到达你想去的远方，成为你想成为的自己。

我知道学妹会越来越好。

每天都要像向日葵，面对太阳，吸收满满的正能量，开心就笑，蒸发去小小的忧伤。你勤奋充电，你努力工作，你保持身材，你对人微笑，这些都不是为了取悦他人，而是为了扮靓自己，照亮自己的心，告诉自己：我是一股独立向上的力量。

# 美丽的丑女孩

挫折也是一种领悟，只要你不让自己的思维被颓废僵化，不让自己的行动被懒惰固封，你总会在黑暗里发现指明人生道路的光。不要去怨恨，那只会让你的心灵在黑暗里找不到出路，人生的坎坎坷坷，能难倒的是那些害怕困难的人，人生路上的荆棘，即使走不过，你把它灭了也要过。给心灵一米阳光，温暖安放，心若向阳，无畏悲伤。

一个奇丑无比的女孩，她的人生会怎样？

她一出生，就把护士吓个半死。早产4周，体重不到1公斤，要命的是，她生来就没有脂肪组织，就像一个皮肤包裹的骷髅。妈妈没有嫌弃她，这毕竟是自己的亲生骨肉。

慢慢长大，她的样子足够吓人。6岁时，她的右眼发蓝失明，左眼呈现棕色。牙床外凸，牙齿高翘，手和脚就像粗细干瘪的树枝。她的免疫力很不好，大小病不断，10岁盲肠穿孔，差点死掉；13岁因红细胞无法正常复制而严重贫血。妈妈带着她走遍美国的各大医院，却没有一个医生能救治她。她患的是罕见的马凡氏综合征，这样的患者全世界只有3例。

上学时，她没有一个玩伴。同学们像见到鬼一样躲着她。课堂上，老师总是回避看她的眼光。她只要上街，行人纷纷避让，他们用异样而惊讶的眼光盯着她看，甚至有的妈妈会捂上孩子的眼睛，怕孩子受到惊吓。

她一天要吃60顿饭，每隔15分钟就要进餐一次。即使如此，她仍然很瘦很小。她有强迫症，每天都要称体重。只要能多长一磅，她就很兴奋。

她内心也向往有人爱，有人疼。16岁时，在妈妈的鼓励下，她参加了一个化装舞会，打扮成一个公主的样子，穿着宽松的公主裙。一个名叫路易斯的男孩对她产生了好感。他向她表白说："我爱你，希望能和你共度一生。"当她摘下面具的那一刻，路易斯惊叫一声，呕吐着跑掉了。

17岁时，她被人偷拍，视频被上传到网上，视频的名字叫《世上最丑的女人》。视频很火，点击超过400万次。她在毫不知情的情况下就成了被全世界嘲笑的人。网民的留言更是伤人，很多人愤愤不平，这么丑的人，她的父母为什么还要她？最好自行了断。

看到视频的第一眼，她简直要晕过去。长这么大，她没有快乐过一天，受尽嘲笑，备受欺凌，她活着简直就是多余。她把自己关在房间里，用锋利的匕首划开了手腕，想用极端的方式结束自己的生命。幸亏妈妈发现及时，把她送到医院，才保住一条命。

妈妈伤心地说："你连死都不怕，为什么没有勇气活下去？你是个胆小鬼，这不是我想看到的女儿。"痛定思痛，她开始思考妈妈的话，越想越有道理。一个人，如果连死都不怕，难道还怕活着吗？她决心走出阴影，坚强地活下去。

一个人，因为长得丑，就该受别人的欺凌吗？这是不公平的，她一定要抗争。她开始到公开场合露面，到电视台做节目，发表演讲，主题只有一个，就是反对欺凌。奇丑无比的外貌帮了她的忙，几乎一夜之间，人们记住了她的名字。很多民众开始支持她，成为她的忠实粉丝。他们集会，游行，一步一步努力，试图游说政府出台一项反欺凌的法案。

她在孤独中长大，读书是她最大的兴趣，渊博的知识让她的写作能力日渐提升。为了鼓励和自己处于同样境地的人们，她撰写了一本讲述自身遭遇的书。新书一上市，马上被抢购一空。她不得不着手撰写第二本书，告诉人们遇到欺凌时应该怎么做。

日前，她还现身在奥斯汀举办的西南偏南电影节，电影节播放了她78分钟的短片，表达一个被网络欺凌的受害者的励志心灵历程。现场很多观众为她流泪，又为她感动。

她叫利兹，出生于美国得克萨斯州的奥斯汀市，人称骷髅女孩。她今年26岁，体重只有26公斤，相当于一个8岁女童的体重。她仍然很丑，但很出名。在美国，她的名字无人不知，无人不晓。因为她是励志演说家、畅销书作家和电影明星。

现在，她走在街上，仍然会有人把她当怪物盯着看。每当这时，她都会走到对方面前，礼貌地递上自己的名片，并且微笑着打招呼："嗨，我是利兹，请你不要再盯着我看了。"

世界上最丑的女孩又如何？每个生命都有存在的价值。自信、勇敢、坚强，让利兹从一个被人讨厌的丑女孩，摇身变为全美励志典型。她的故事再次证明，人，美的不是外貌，而是心灵。

最使人疲惫的往往不是道路的遥远，而是你心中的郁闷；最使人颓废的往往不是前途的坎坷，而是你自信的丧失；最使人痛苦的往往不是生活的不幸，而是你希望的破灭；最使人绝望的往往不是挫折的打击，而是你心灵的死亡。心灵美丽，世界就美丽。

# 除了抱怨，更重要的是行动

你的遇事慌乱、抱怨、一脸苦相、不敢扛事儿、推脱、找借口、逻辑不清、没有反馈、不拘小节、不动脑、不走心的举动都会出卖你，阳光、沉稳、乐观、抗击打、思路清晰、勇于奉献、耐得住寂寞、不怕犯错、有进步、打鸡血的每一天会成就连自己都惊讶的未来。

我的脸书上，有两个喜欢"抱怨"的前同事，虽然我已经离职了，但两位前同事的发文仍让我尴尬，如果我点"赞"，就会被以前的老板看到，不点，又怕他们以为我没支持他们。

有趣的是，我发现这两位，多年来，已经有了截然不同的发展。

其中一位，就叫作A先生好了，早就到了另一个外商投资公司，升到主管，虽然抱怨，但"越怨越高"。

好奇怪。

而另一位，叫B先生，仍待在原来的公司。他虽然一直抱怨，却一直都无力改变现状，于是他的职称七年来一直没变，而他头顶上的头发却越来越少。

好奇怪。

后来我研究了一下，终于发现A、B两位先生之间的不同。

A先生抱怨，总是在抱怨某某人。这个"某某人"在以前的公司就是某位主管，或某位同事，或某位老板，或某位客户。而且他常常说的一句话就是：

"这个某某某根本不配坐那个位子！"

"这个某某某凭什么管我，他的水平够吗？"

甚至说："有一天我一定要干掉某某某！"

好凶狠的抱怨文！我发现，他每到一家新公司，就会多了一堆我不认识的"某某某"，他的这些的抱怨可能也成为他乘风破浪的"动力"，于是，他不断地干掉一个又一个"某某某"，不断地往上爬、往上爬。

而B先生的抱怨呢？

B先生的抱怨，其实比较温和，往往是"对事不对人"，甚至是"对制度不对人"。他经常不只帮自己抱怨，也帮别人抱怨，而他怨的都是制度面的，而且不只公司的事，连家里的事也拿出来怨，社会新闻和政治新闻都拿出来怨。最常见到他的po文就是像：

"公司里面处处都是不公平的！"

"财团不顾我们的死活，应该被制裁！"

"君不君，臣不臣，父不父，子不子！"

他们的差别在哪？

我发现，A先生抱怨的往往是很明确的"身边"的人与事，一次一个人，因此他的抱怨，为他产生了一个"明确的目标"，那个目标是"可执行的"，他就去干掉这些人、改变这些事、知道自己该换到哪一种公司，也因此他越爬越高、越换工作越好。

但B先生，他将他工作的不顺利、薪资太低，完全归咎在"社会不公平""劳基法应保障我们权益""人心险恶"这些"大事情"上面，或是骂一些"很远很远的人"，比方说是某名嘴或某政治人物。你想想，凭B先生一人，根本无从改变任何事，于是，他的生命越来越黯淡、他的抗议越来越嘶哑，事实变成，七年来，他的职业生涯，原地踏步，害了他自己。

多年前，我有一次也是在一位长辈面前，和他说了一大堆抱怨和抗议的话，他只回了我一句："是否对自己的未来已经失去目标和希望，所以才会开始抱怨？"

我的回答："您说得没错，真的是这样。"

他就一叹："那么，你要重新找到新的目标和希望，因为你的抱怨是不会有效的。"

这句话很不客气，也一语点醒了我。

若心中对自己的人生仍然抱有"目标"、抱有"希望"，应该不会想抱怨，因为忙着去完成它都来不及了，时间已被塞满！

所以，我们一边抱怨，一边也要付诸行动，做点事情，让自己变得更好。干掉别人、比别人都厉害的时候，我们就会发现，这个世界，我的天啊，真的好公平、好公平啊！

"你现在的生活也许不是你想要的，但绝对是你自找的。"世界上100%的抱怨都可以用这句话来回答。抱怨是一件最没意义的事情。如果实在难以忍受周围的环境，那就暗自努力练好本领，然后跳出那个圈子。做有用的事，说勇敢的话，想美好的事，睡安稳的觉。把时间发生在进步上，而不是抱怨上。

# Part Two 情感篇
# 愿青春不朽你我不老

我固执地认为给女生写信的男生，

大多不怀好意，

于是对他剑拔弩张，

不理不睬。

从此再相遇，

就用更加冰冷的表情面对他。

# 愿青春不朽你我不老

年轻的好处，是可以在没有看清楚这个世界之前，做率性的事。荒唐也好，可笑也好，那都是无悔的青春。青春如同一杯酒，越品越有味道；那淡淡的思念，让很多人想起了很多人和事，每段青春都会苍老，但我希望记忆里的你一直都好。愿多年以后，你我认识旧友，共饮老酒一醉方休，唱一句青春不朽！

[一]

那是很多年前的春天了，蜜黄色的阳光洒在乡村窄窄的土路上，常老师骑着自行车从我后面驶过来。他右手握着车把，左手扶着右边的肩膀，经过我身边时，打声招呼，上学去呀，我还没有来得及回答，他已急驶而过。

常老师是我们初二年级的语文老师。

下午上语文课的时候，常老师说刚才去医院打针了，我这才明白他为什么会扶着肩膀，原来是右肩吃了一针，有些疼呢。

那时的常老师大概有二十五六岁，课讲得好，人长得帅，又平易近人，许多学生都喜欢他。当年的我是个自卑的女孩，但不知为什么，常老师一直很欣赏我，在课堂上读过我许多作文，他是我读书以来，第一个肯定我的老师。十四岁入共青团，班里同学都踊跃写申请，唯有我踌躇不前，又是常老师介绍我入了团。也是从那时起，我决心好好学习，不辜负老师的关爱。后来，我的成绩果然慢慢好起来，一颗迷茫自卑的心因为他人的赏识而有了改变，这种改变一直让我受益到了现在。

常老师是我的恩师。

当我今晚在灯下又想起常老师，时光已倏忽过去了二十五年，常老师也因病辞世二十年了。但每次想起他，他仍是那样鲜活、温暖、亲切。记忆是不会死去的，因为有爱，记忆也永远不会老去，即使有一天我变得很老很老，再想起恩师，他还是那年春天午后，骑着单车飞驶而过的英姿飒爽的青年……

[二]

我现在也好奇怪，当年通信那么不发达，在异乡读书的我仅通过书信告知返乡的日期，妈妈又怎么计算得那么准确？以至我从安徽砀山下了火车，改乘汽车到县城，再换乘汽车到小镇，在小镇一下车就看见了她。

她怎么算得那么准呢？

那时的妈妈还很年轻，三十多岁，常年的劳作，让她看上去又黑又瘦。她戴一顶灰黄色的旧草帽，坐在一株低矮的法国梧桐树下等我。暑热熏蒸，不知她在那里已等了多久，已翘首仰望了多少次。看见我来了，她欣喜地站起来，草帽下是一张黑黑瘦瘦的笑脸，她叫我一声，眼睛里闪现着喜悦的光彩。她身旁的地上摊着张报纸，报纸上是一个切好的还完整拢在一起的西瓜，那是妈妈给我解渴的。

如今，我已忘了当时我们都说了什么，但妈妈到小镇接我的情景，现在想来仍历历在目——那小镇上接我的妈妈，瘦瘦的，黑黑的，看见我，那么灿然地一笑，好像世间的花一下全开了。

[三]

那天下着小雨，我打着伞，沿校外的中州路散步。一路盛开的嫣红紫薇经过雨水的淋洗，大都低垂着大团的花簇。

远远的，我看见他走来，急忙把伞放低，遮挡住他的目光，然后装作很漠然的样子，从他身边急急地走过。

那年，我19岁，他是给我写信的一个男生。用现在的话讲，他也许是我的粉丝，他在信里热情地说，他看出了我的孤独和寂寞，他想帮助我，想和我成为朋友，再把自己的朋友全部介绍给我。

那是多么温暖的心思，虽然想改变他人几乎是不可能的，但一个男生幻想改变他所喜欢的一个女生的忧郁，那除了因为朦胧的爱意，余下的就是热情和善良吧。

但那时我不懂他的心思，反而因此讨厌他。我固执地认为给女生写信的男生，大多不怀好意，于是对他剑拔弩张，不理不睬。从此再相遇，就用更加冰冷的表情面对他。

不知我的反应有没有刺伤到他，我想，应该是有的。

我们以后的人生再也没有交集，但随着时光的逝去，这段过往却一直沉在了我的记忆深处，如一株美好的植物，经年地绿着，葱茏着远去的青春岁月。


我们终于来到以前憧憬的年纪，却发现已经有人订婚、有人结婚、有人出国、有人生活顺利、有人坚持梦想、有人碌碌无为……就像是一个分水岭，毕业时的那个蓝天早已消失不见，那个和你在操场边说着要一起走到未来的人，也早就不知道去了哪里.看着窗外的天，突然就黑了，感觉像我们的青春，突然就没了.那些肆意的青春啊，自由过，伤痛过，遗憾过，灿烂过，却永不再来。

# 谢谢你给过我不一样的爱情

我在等一个人，一个可以把我的寂寞画上休止符的人！一个可以陪我听遍所有悲伤的情歌却不会让我想哭的人！一个我可以在他身上找出一百个缺点却还是执意要爱的人！一个会对我说：我们有坑一起跳，有苦一起尝，有一辈子就一起过的人！其实，我一直在等你，你难道真的不知道吗？只是，我现在终于明白，我等的那个人不是你。

亲爱的初恋：

不知道你现在在哪座城市，过着怎么样的生活。

今天，距离我们分手已经有15年之久了，我不知道现在的你是什么模样，我甚至也记不清十五年前你的样子，只是有一张模糊的，但又被我反复雕琢过的脸出现在我的记忆当中。

亲爱的初恋，直到今天，我这么平静地坐在家里，遥想我们当年的往事，我才真正深刻地意识到，你不是具体的某某某，你是我的初恋，代表着我繁华的青春，代表着那个时候的我自己。

我曾那样爱过你。我那时那么年轻，那么相信爱情。我以为你会是我的全世界，会是我的一生一世，我甚至从来没设想过分离。

那个时候的我们，对爱从不吝惜，"一生一世"，"唯有你"，"永不变"，我们常用这些最激烈的词汇表露自己的真心，用最猛烈甚至出格的方式表达爱意。

那个时候的我啊，以为这就是爱情，以为这才是爱情。我坚定地相信，我永远只会爱你一个人，爱情也只有这样一种极端的表现形式。

可后来，我们还是分手了，没有多好的理由，和大多数人一样，因为在时光的流逝中激情逐渐退却，因为对方的缺点日益变成一种对自己的诅咒，因为发现原来这个世界上还有更好的选择。

和你分手后的很长一段时间，我以为我不会再爱了。我始终无法释怀，也不愿意相信。

我无法释怀如果连曾经那么相爱的我们都最终走到分手，世间到底还有什么感情值得信任。我无法释怀你说的永远、你说的唯一怎么可以说变就变？我无法释怀我们共同构筑的梦想怎么可以这么不堪一击？我怎么也弄不明白，明明那么相爱的人，怎么说不爱就不爱了呢？

我渐渐相信，人的一生只会爱一个人，而在我的生命里，那个人就是你，现在你走了，我命中的爱情已经用尽。所以，我恨你。

可是后来我发现，时间可以治愈一切。我渐渐不再哭泣，不再梦见你，不再觉得每个人的身上都有你的影子。我又恋爱了，分手了，再恋爱，再分手，逐渐地，你已经离我那么遥远。

现在，我结婚了，还有了一个宝宝，过着一种以前从未想过的生活。我很爱我的老公，可以说，我爱他的程度并不亚于当年爱你。

亲爱的初恋，我早已不再恨你，有时我也会想，我还爱你吗？我想大概还爱吧，只是这份爱，已经无须证明，也无须表达。你已经和我青春的记忆紧紧地绑在一起，一想到你，我就会想到我们相爱的那些日子，那时天空的颜色，那时我棱角分明的价值观和我对爱情奋不顾身的执着，你总是能牵扯出一长串的回忆，牵动我整个青春。

所以，我想谢谢你，所有的伤害，所有的痛不欲生都已经过去，并且祭奠了我美好而独一无二的回忆。

虽然我写下这封信给你，虽然偶尔我还是会想你，但是我并不想见你，这封信也并不会寄给你。就让你永远停留在你的位置上吧，那个张扬、疯狂、不顾一切地年代，我穿着百褶裙，而你穿着运动衣。

我只是想告诉你，谢谢你给过我不一样的爱情，谢谢你用一次又一次的呼吸刻画了我青春的印记。我现在在这里，你就留在过去，让我们用一种奇特的方式不断产生交集。

最后，就让我再说一次我爱你吧，这种爱，是对我们共同的过去的尊重，是对青春的缅怀，是对曾经执着爱过的我们的敬意，我想，你都会懂的。

　　那么，再见，祝好。


　　年少时因为没被伤害过，所以不懂得仁慈；因为没有畏惧，所以不懂得退让。我们任性肆意，毫不在乎伤害他人。当有一日我们经历了被伤害，懂得了伤痛和畏惧，才会明白仁慈和退让。可这时，属于青春的飞扬和放肆也正距离我们而去。我们长大了，胸腔里是一颗已经斑驳的心。

# 原来相恋比单恋更美

好的爱情，是吵架吵了一半，脑袋一懵，突然就想扑上去接吻；好的爱情，是势均力敌，是你吃我这套，我也吃你那套。好的爱情，是在一起了那么多年，却还想在一起那么多年。总是觉得相聚的时光太短，原来，走得最快的不是时间，而是两个人在一起时的快乐。幸福，就是有一个读懂你的人；温暖，就是有一个愿意陪伴你的人。

我忽然觉得相爱比单恋美好很多。
糟了！米妮小姐，我似乎有点喜欢你了。

## ［据说，尤伽图的小腿很漂亮］

可以大声唱歌的人生才是完美的人生。

可在我12岁以前，我哥哥尤子聪不准我唱歌，他指着楼下的搬家车说："尤伽图，你是搬家公司的托吗？你想把我们大院的人都逼走吗？"

我得感谢我亲爱的哥哥，因为他的侮辱让我变成一个勤奋的小孩。现在，我是合唱团的领唱，穿得总是特别一点，歌词总是唱得多一点，得到的掌声也热烈一点。而嘴巴总是很臭的他，在变声期成了一个鸭公嗓子。

可是比赛前三天，我打退堂鼓了。我背着手在操场上苦恼地走来走去，尤子聪不解地看着我："有什么好怕的，又不是第一次登台。"

他真是一点不了解自己的亲妹妹，我怕的不是唱歌，而是那套背带短裤。

我跟指导老师求了很久："那套演出服一定得换！"美女老师眨着大

眼睛问我："为什么？"我很想捉住她的手倾诉我的苦恼，告诉她，我的腿一露出来绝对拉合唱团的分，可这个理由在我喉头里百转千回，终于咽了下去。

她的腿很美，这辈子都不能理解我的心情。

我一边叹气一边低头打量自己，尤子聪一副恍然大悟的模样，他站起来拍着我的肩膀说："尤伽图，难道你不知道你的小腿很漂亮吗？穿短裤一定很迷人。"

从来不夸奖我的尤子聪，此刻小眼睛里泛着真诚的光芒，于是我就晕乎乎的了，我勇敢地穿着人生中第一条短裤站在了学校礼堂的大舞台上。

灯光打在我雪白的象腿上，然后，全世界都知道，漂亮的尤伽图，原来有一双见不得人的萝卜腿。

## ［我要穿热裤，我要吓跑那个侏儒］

尤子聪要给我介绍男朋友。

尤子聪是何许人也？他是我老妈的眼线，是卧底，是中央情报局，所以我断定他绝对没安好心，介绍的男孩大概是侏儒吧？

那天我的装扮是这样的，雪纺娃娃衫，人字拖，头上戴了很大的蝴蝶结，脖子上挂了一条骷髅头，当然，最关键的是，我穿了热裤，把我完美的萝卜曲线展露无遗。我要吓跑那个侏儒。

很快，我悔得肠子都青了，因为许翰明非常挺拔。他远远走来，目光一直放在我身上，最后他礼貌地对尤子聪说："你妹妹，很会混搭啊。"他有一双长长的腿，洁白的面孔，笑起来还有一个微小的酒窝，我抓了抓头上的蝴蝶结，脸就红了。

那天我们一起去小岛BBQ，因为这个奇怪的装扮，整个过程我都非常不自在，许翰明的目光稍微下移一点，我就觉得他在看我的萝卜腿，所以吃烧烤的时候，我把桌布盖在腿上，许翰明捧着一大把金针菇和鸡翅膀走过来，满眼疑惑。

我笑笑："有蚊子，我遮遮！"

一低头，才发现，餐布上爬满了蚂蚁，我尖叫着站起来，许翰明跑过来帮我拍掉身上的蚂蚁，他是学生物的，很快判定，这个蚂蚁有毒。

因为这个突发事件，我们不得不提前结束行程，许翰明扶着我，尤子聪还没忘了把剩下的肉带走。我哀怨地问他："你妹妹的命重要还是肉重要？"

尤子聪很没良心地说："肉重要。"

然后我就大哭起来，尤子聪连忙改口："你重要！"

我看看自己又红又肿的象腿，再看看默默注视着我的许翰明，哭得更大声。

## ［她叫米妮，是米奇的女朋友］

我被几只小蚂蚁折腾得住院了，足足一个星期才完全消肿。

出院那天，尤子聪说自己很忙，让许翰明来接我。许翰明进门的第一眼就直直看着我的腿问："怎么样？好点了吗？"虽然穿着长裤，但被他这一看，我还是下意识地缩了下腿，

他抓起我床上的玩偶，瞅了半晌说："连住院都要带着你的米奇啊？"

"是米妮。"我纠正他，抓着米妮脑袋上的蝴蝶结说，"她是米奇的女朋友。"

"原来叫米妮啊，没怎么注意过。"巨大的米妮挡住了许翰明的脸，他突然伸出手也抓抓我头上的蝴蝶结，"尤伽图，你长得很像米妮呢。"

我仔细看看米妮的脸，她总是默默地站在米奇身边，出镜率很高，可她只是一个大配角。

回去的路上，许翰明请我喝奶茶，店里的空间很狭小，我第一次跟他面对面靠得这么近，紧张得要死，所以当他问我爱好是什么的时候，我脱口而出："玩拼图。"

许翰明愣了一下，然后笑了："我也喜欢拼图啊！"

我们的第一次约会，就这样变成了拼图大会。我没想到许翰明把尤子聪也叫来了，三个人望着地板上的两幅巨型拼图，大眼瞪小眼，最后尤子聪掏出电话说："要不把杜翎叫来，我们两个人一组比赛？我早上陪她把文学社的稿子改完了，现在她大概也闲着。"

我嗑着瓜子调侃他："杜翎是谁啊？魅力大到你连亲妹妹出院都不接啦？"可一不留神把瓜子壳吐到了许翰明脸上，一直笑眯眯的他突然就变了脸色，他把米妮塞回我怀里，礼貌地说："突然想起学校还有点事，我先回去了。"

我愣了半分钟，尤子聪吐吐舌头说："忘了告诉你，这家伙，有洁癖。"

## ［古有孟姜女，今有尤伽图］

周末的下午，我给许翰明打电话："玩拼图啊玩拼图！我刚买的3D立体的哦！"

"好啊，你来我宿舍吧，你们女生楼太严，进不去。"

许翰明的宿舍很安静，所以他很轻微的笑声也被我捕捉到了。于是我屁颠屁颠地提着两大盒拼图出发了。许翰明老早就等在楼下，看到我时，接过我手里的拼图。我跟在他后面上楼的时候，不断有他的朋友同他打招呼，他们意味深长地看看我们，许翰明就立刻辩解："这是我同学的妹妹。"

同学的妹妹？听到这个定位时，我的心DOWN到谷底。

一进门我就把拼图哗啦啦地倒出来，铺了一桌子，许翰明跑去隔壁拉人过来一起玩，最后他愁眉苦脸地回来了："我跑了一层楼，全部出去约会了。"

他愁眉苦脸的样子看起来是真的很想谈恋爱了，我眨了眨大眼睛，企图让他想起这里还有一个美女在等着他，可他的眼睛直接放在拼图上，麻利地拾掇起来："两个人就两个人吧，我们来比赛谁先拼完吧！"

于是我拼长城，他拼白宫。我们从两点一直拼到六点，尤子聪回来的时候，我正站在凳子上高呼"我赢了我赢了"，豪放的姿态把他身后的美女吓得目瞪口呆。尤子聪很没面子地别过头，想假装不认识我，可我热情地唤住了他："哥！不介绍一下吗？"

尤子聪的脸红了："这是杜翎。"

"大嫂呀？"

"尤伽图,你还没拼完呢,你的长城少了一块砖!"原本一言不发的许翰明突然冒出一句话,语气带着一点凶狠。我看看他手里崭新的拼图,那是我来之前一个一个擦拭过的,我确定这不再是洁癖作祟。

我默默地坐回去,委屈得想跟孟姜女一样把眼下的一片长城,统统哭倒。

## [糟了!米妮小姐,我似乎喜欢上你了]

尤子聪终于向我坦白了,他和许翰明都暗自喜欢杜翎很久,最后杜翎和他在一起,他只是因为愧疚才死命地要把自己的亲妹妹推给许翰明。

"你当我是安慰奖吗?"我愤愤不平。

尤子聪的小眼睛再次泛起了真诚的光芒:"我是觉得我妹妹足够好,可以完全取代杜翎,真便宜了那小子。"我再次选择相信尤子聪的话,拿着他赠送的游乐园的门票去找许翰明,我决定今天向他表白。

坐海盗船的时候,我闭着眼睛想,荡到最高点的时候,我就开口,可最后,我大叫着缩到了椅子下面;过山车的时候,我暗暗发誓,俯冲的时候我就开口,可最后,在此起彼伏的尖叫声中,我哭得假睫毛都掉了。

最后的最后,我们终于安静地站在了一堆玩偶面前,我随手抓了一个米妮的发箍戴在头上,鼓起了勇气,说出来的却是:"我戴这个会不会更像米妮?"

许翰明还没回答,他身后突然蹿出来一个人,一把抽出他牛仔裤里的钱包——跑掉了。

还好我尤伽图德智体美劳全面发展,我蹲下身飞快地系紧鞋带,然后追了上去,追出游乐园,追过两条街,我大气都没喘一口,追得小偷哭着丢了钱包逃命了。

回去的时候,许翰明还在原地站着,我的委屈又冒出来了:"我帮你卖命你就在这儿享受啊?"

许翰明委屈地摊开手,指指我的发箍:"你戴着它跑掉了,不付钱老板不让我走啊。"

我这才意识到,自己竟然戴着这个幼稚的东西跑了两条街,拉拉头上的米妮，我的脸又发烫了。这个发烫还不算什么，接下来许翰明的一句话，让我彻底烧了起来。

他说："米妮小姐，我可以拥抱你一下吗？"

我惊慌失措："许翰明，你要想清楚，你抱了我是要负责任的。"

许翰明轻轻地笑了："米妮又聪明又勇敢，会唱歌还会长跑。"然后他突然说出了米奇的口头禅，"糟了！"

糟了！我忽然觉得相爱比单恋美好很多。

糟了！米妮小姐，我似乎有点喜欢你了。

而米妮小姐在惊慌失措之后，没有忘记踮起脚，把一个甜蜜的吻印在有洁癖的米奇先生脸上。米妮大大的后脑勺挡住了镜头，盖过了女一号的光彩。

原来当小配角卖力博得出镜率，混个脸熟后，也是会被记住的。


注定在一起的人，不管绕多大一圈依然会回到彼此的身边。只要结局是喜剧，过程让人怎么哭都行。幸福可以来得慢一些，只要它是真的，如果最后能在一起，晚点也真的无所谓。

# 没有什么会永垂不朽

就算我们没能走到最后，我也不会心存遗憾，你有你的苦辣酸甜，我有我的喜怒哀乐，既然相遇的时间不足以让我们为彼此停留，那就祝今后的我们，披着各自的骄傲，互不打扰。

喜欢一个人最简单粗暴的方式是什么？汪城的回答是告白，而我说，喜欢就去偷他手机啊……

这一年，我换了居所。时光没有在意我是不是与这里的气候、风景格格不入，反正它就在一直走，不停地。洋洋洒洒地写了许多年的初恋像一列绿皮火车，停在了江北的城市里。

就算是江南的尘埃黯淡了很多从前闪亮着的记忆，我也不会忘记，十六岁时我偷了绿豆的手机，就在他打篮球的时候。

……

那年三月，汪城和我在场边休息。

汪城问喜欢一个人最简单粗暴的方式是什么，他说是告白，而我说喜欢就去偷他手机啊。于是我走过去翻出了他的校服，绿豆的校牌很新让我一下子就找得到，顺着校服袖子摸到了他的口袋，最终拿到了他的手机。

我就是用这种简单粗暴的方式证明了我喜欢绿豆，也拒绝了汪城还没有说出口的告白。汪城不会出卖我，因为那时候我认定了这个世界上找不到第二个女生让他心动。

我拿着绿豆的手机拨了我的号码，然后又装进了口袋，顺便喝了一口水。

放学后我跟着绿豆，他在前面我在后面，他的影子融化在大树的阴影下，挤公交车，打卡，右手握住扶手，左手自然地放在一侧，旁边的朋友和他说着我听不懂的比赛规则积分和技术统计，我只听懂了他说凯尔特人或许真的可以夺冠。

……

我决定把手机还给绿豆的时候已经是一个星期以后了。

他们刚下体育课，我递给他手机并且撒了一连串的谎。我说，上周我在篮球架下捡到了手机问了好多人才知道这是你的，学长你该着急了吧？

四月的春风真美，他的笑容也真美。绿豆接过手机，随手给了我一颗水果糖。玻璃纸在阳光下闪闪发光，风吹乱了我的头发，而他揉乱了我的心弦。

其实真正的喜欢是含蓄的，每天清淡地聊聊晚饭和天气，偶尔调皮贫嘴但是都只是一点点。绿豆说他的高三乏善可陈，没什么特别，或许该算我这个捡到手机的小姑娘最特别，让他知道这是缘分。

而他不知道，短信里看到"缘分"这两个字的时候我是怎样的欣喜。他每次字里行间透露出对我的一点点在意，我都会高兴得在床上打滚，会捂着被子偷笑，会借着手机微弱的光抄在笔记本上，字迹情不自禁地向上偏离横线，无论如何都不想画上一个句号，然后把所有的不该属于我的兴奋放肆都变成没有表情的字符对他说晚安。

这就是初恋，像一颗平凡的小星球围绕着轨道一直一直旋转。

……

他在初夏的六月顺理成章地毕业。

七月我躺在绿豆腿上看电影，我一边拨弄着他小腿上细密的腿毛一边看着《九降风》，女主角问："郑希彦，我对你来说算什么！"我一抬头碰洒了绿豆手里的爆米花，愣了两秒："你是我最喜欢的人，甜甜的冰激凌和巧克力都不换！"我还是把我想说的话说完了。

他笑得没了矜持，然后低头收拾那被我撞翻的爆米花，一段小小的插曲让我们没有听到那个叫郑希彦的男生的回答，而我也明白他又一次把告白当成了玩笑。

也许就是这样，假装大大咧咧的人总是被人误解，把真心话当成敷衍。

八月的绿豆开始忙碌，收拾东西，注册学籍，而我开始赶我的暑假作业。

月末他走的时候，我给他写了好长一段信，抛弃了华丽的修辞，只剩下这几个月来我们在一起的琐事，像是流水账。最后我对他说，汪城问我喜欢一个人最简单粗暴的方式是什么，我的回答是偷走他的手机。

他回复给我的是一条短信，他说，凉茶，你这流水账写得太温柔。

没错，或许他又一次把我的告白或者是我的坦白当成了玩笑。

我还是没有说服他相信我说的喜欢是真的，我还是不能知道他是不是曾为我心动。

绿豆离开了这座城市，而汪城让我陪他去学校的篮球场转转。

他的话从来没有那么多，像是醉酒的人，不停地说着细碎的东西。比如操场拐角的男厕所在左边而教学楼里的男厕所都是在右边；比如第三个篮球架有点生锈不能太大力投篮，第五个篮球架下有一行表白的情话。我就那么随意地听着，像是听他讲流水账一样的梦。

他走以后我再也没有听他讲过那么多无关紧要的话，我也没有探究那个篮球架下有没有情话。

不过再也没有人像绿豆一样让我心动，然而也没有人像汪城一样为我心动。

……

又是六月，我也要毕业了。

他们俩走后我还是习惯在他们生日的时候给他俩发短信，汪城会在立夏的时候给我快递一份礼物，有棒棒糖也有纯银的耳钉，只是我们再也没有见面。

七月，我突然很想知道汪城留下的情话是什么，如果他肯重复我就跟他在一起，而他突然告诉我他有了一个明眸皓齿长相甜美的女朋友，所以我想知道的问题也就被我放在了心里。就当那是个玩笑吧。

听那姑娘说汪城偷了她的手机，用她的手机发了一条短信说"我们在一起"，而汪城拿着他收到的短信找她兑现承诺，结果他们谁也没有说破这个恶作剧，然后便在一起了。

原来最简单粗暴的表白真是偷走他的手机。

于是我再也没有对绿豆表白过，但是脑海里时常浮现他说的，凉茶你这流水账写得太温柔。

或许他没有把我的告白当玩笑，只是不曾心动。善良如他，拒绝得不让我心痛。

夏天快要结束的时候绿豆更新了朋友圈，一行歌词"任时光匆匆流去，我只在乎你"，一张陌生姑娘的照片。我知道这次真的失恋了。默默点赞，评论了一个双喜。

我是不是失恋了？不过我流不出眼泪。

没有什么永垂不朽，只有青春不可辜负。

如果有一天，你找不到我了，千万不要难过，不是我不爱你了，也不是你错过我了，而是我终于有了勇气离开，但请你记得，在这之前，我真的有傻傻地等过。愿有人待你如初，疼你入骨，从此深情不被辜负。敬你一杯酒，愿你有诗，有梦，有坦荡荡的远方，我干杯，你随意。

# 那些试图靠近你的
# 日子让我成为更好的自己

　　一生至少该有一次，为了某个人而忘了自己，不求有结果，不求同行，不求曾经拥有，甚至不求你爱我；只求在我最美的年华里，遇到你、钟情、相思、暗恋、渴慕、等待、失望、试探、患得患失、痛不欲生、天涯永隔、追忆似水流年……种种这些，都曾因你而经历，也就誓不言悔。

　　老莫是我读师范时的同学。她原本有个很女人味的名字，可是男生女生都叫她老莫。其实想起来，她那时只是个十五六岁的女孩子，可大家觉得她理所当然应该被叫老莫，只有这个名字才和她相宜。

　　开学第一天，宿舍阿姨看见一个小男仔提着大包小包往宿舍里冲，于是毫不客气地上前拦住了她："这位同学，请你往那边走，这是女生宿舍。"

　　一头短发，精瘦精瘦的小男仔说："可我是女生啊。"

　　这个"小男仔"就是老莫。

　　刚进学校时，她身高不到一米五。

　　她的性格也像小男孩一样，大大咧咧爽朗利落，说起话来铜豌豆一样掷地有声，为人特别热心，乐意帮女生打开水，帮男生带早餐。

　　老莫在班上人缘很好，男生缘尤其好。

　　师范是那种男女生比例特别不平衡的学校，一个班上四五十个女生，才十来个男生。男生们因此都傲娇得不行。

　　当时班上有个叫大飞的男生，属于那种阳光男孩，女生们大多对他有好感，跟他说句话都会脸红心跳。

老莫完全没有这种顾忌。她和大飞也是很好很好的哥们。

学校开运动会的时候，老莫一口气报了四五个参赛项目，长跑短跑跳高跳远都有，她跑八百米的时候，班上男生集体去助阵，大飞最卖力，一边陪她跑一边为她加油。跑到最后一圈时，原本排在第四的老莫小宇宙突然爆发，一口气冲到了第一。到了终点，全班男生把她抬起来扔到半空中，又接住，女生们在旁边尖叫鼓掌。

要是换了其他女生享受这种待遇，大家难免会羡慕嫉妒恨，可是没有人会妒忌老莫。

女生们似乎都爱搞小团体，当时班上风头最盛的女生团体是306宿舍的四朵金花。

其实说成三朵金花和一片绿叶更加合适，老莫就是那片绿叶，长得像小男孩的她和其他三个漂亮开朗的女孩子不知怎么成了死党。

这对于班上男生来说是个重大的利好。因为他们等于在三朵金花中埋下了一个内线，作为大飞的铁哥们，她常常口无遮拦地问他，你看中了哪朵花啊，要不要我帮你去采？或者调侃他说，你怎么这么不开窍啊，大好时光就不趁机搞搞早恋之类的吗？

师范二年级（相当于高中二年级）时，大飞总算开窍了，托老莫向婷婷递情书，婷婷是三朵金花中最漂亮、最活泼的那位。

老莫在交给婷婷之前，偷偷打开了那封折成心形的信，信上的字句滚烫得让她生平头一次脸红心跳，信中，大飞亲昵地称意中人为"婷"，老莫想，哪一天，会不会有人给她写情书，亲昵地称她为"娟"呢？她的名字中有一个娟字。

婷婷看了那封信后，当天又托老莫带了封回信给大飞。

老莫按捺不住好奇心，再次偷看了。信写得很简单，只有一句话："大飞同学，我们还太年轻，我更乐意做你的妹妹。"

老莫重新把信折好，轻轻吁出一口气，然后交给了大飞。

那天晚上，她陪着情绪低落的大飞在教室里坐了一晚，听了一夜《很受伤》，那年正是任贤齐大红的时候。

老莫是在师范三年级时才开始发育的。她的身高迅速从不足一米五长到了一米六多，仍然留着利落的短发，长手长脚地站在那里，光看背影有点像个玉树临风的少年。

每年的毕业表演学校都很重视，我们班上准备的节目是个舞蹈，曲目用的是任贤齐的《哭个痛快》。

本来定的是六个男生上台表演，大飞领舞，排练的时候，在一旁观摩的老莫跟着做了几个动作，潇洒漂亮至极，引得男生们集体叫好，非让她参与表演不可。

他们不知道的是，老莫为了做好那几个动作，大周末的也在宿舍里一遍遍地练，小小随身听搁在窗台上，任贤齐在里头哀怨地唱：爱与不爱，是最痛苦的存在。

登台表演那天，老莫一身黑色的皮衣皮裤，短发做了个定型，长身玉立地站在一群男生中，每个动作都那样利落，每次转身都那样潇洒，明星一样光彩照人，我们班的同学站在台下，把巴掌都拍红了。

舞蹈没有拿到奖，能拿奖的基本都是阳光健康积极向上的节目。大家依然很开心，还去花店订了花送给表演者。

男生们簇拥着老莫去拍照留念，大飞拿着我们买的那束玫瑰花，装作很深情地递给她。老莫伸手去接的那一瞬间，拿着傻瓜相机的同学恰好按动了快门。

照片冲洗出来的时候，我们发现，抱着玫瑰花的老莫笑得特别灿烂，脸还有点红。

毕业后，我们各奔东西。

大多数同学都回了老家教书，老莫也是。大飞不甘心做孩子王，跑去长沙学电脑编程了。

他们还保持着不咸不淡的联系，多数是老莫给大飞写信，大飞懒得写，偶尔想起来了，会给她打个电话，追忆往事，展望将来，一说就是一两个小时。

老莫那些年渐渐有了些变化，她试图将头发留长，也试着学穿高跟鞋，裙子买了几条，放在衣柜里，没敢穿。她跟我说，等头发留长了，就找个时间去长沙玩玩，大飞在电话里说了，只要她去长沙，他就陪她去火宫殿吃臭豆腐，去岳麓山摘枫叶，去湘江边放风筝。

老莫从小在农村长大，还从来没去过长沙呢。

就在她的头发留到快披肩时，接到了大飞的一个电话，电话里，他兴冲冲地告诉她，他要结婚了。

新娘也是我们同学，当年的四朵金花之一，婷婷最好的闺蜜。

这些年来，大飞先后追求过老莫身边的两个好朋友，一个失败了，一个成功了，他的目光，从来没在老莫身上停留过。

知道这个消息后，老莫拉着我去K歌。我们两个人要了一间包房，老莫拿着话筒，一首首唱莫文蔚，她唱《盛夏的果实》等于原声再现。除了声音外，她的外形也有几分莫文蔚的神韵，都是长手长脚，长相挺有特色，不过，她没莫文蔚漂亮。

唱完歌，老莫放下话筒，对我说，其实，有件事我想告诉你。

我说，我知道。

老莫老莫，我们大家都知道，你喜欢大飞，你陪着失意的他在教室里听歌，你为了他在宿舍里一遍遍练舞，我们都看在眼里，只是不忍心说穿，你那么小心翼翼地维护着你的秘密和尊严，我们也是。

大飞结婚那天，我们全班同学基本都去了，因为他们几乎是我们班上情侣中硕果仅存的了。

去之前，老莫犹豫了很久，终于决定穿上那条衣柜里放了很久的雪纺裙子，裙子很修身，她穿上后显得身材格外高挑。那天，她还淡淡地化了点妆，披肩发拉得直直的，垂在肩膀上。

这是她生平第一次留长发，穿裙子，不知道大飞他们见了，是会取笑她，还是夸她漂亮？老莫既担心又憧憬。

她担心和憧憬的一幕都没有出现。那天，她迟到了一会儿，正在迎宾的大飞见到她，大步流星地走过来，用力拍了拍她的肩膀说："嗨，哥们，你怎么才来啊？赶紧找个地方坐吧。"

从婚礼上回去后，老莫把高跟鞋和裙子都收了起来，换上了平常最爱穿的牛仔裤运动鞋。在她后来的男朋友眼里，她穿仔裤板鞋同样很有女人味。

这么多年的暗恋无疾而终，我曾经问过她后不后悔。

老莫摇摇头说怎么会？要不是大飞，她可能还一直是个混沌未开的假小子。当你暗恋一个人的时候，总是试图一点点接近他，结果也许永远都无法靠拢，可是在此过程中，你会发现，你的努力也让自己一天天变得更美好。

所有曾经是假小子的女生，你们有没有试图靠近过一个人，以哥们的名义？

现在知道了，那些恣意飞扬的岁月里，我们每一次躁动不安的梦想，年轻气盛的誓言，猝不及防的暗恋，义无反顾地摔倒又爬起，其实都藏着一颗颗饱满的种子，它让我们有了脊椎，有了思想，有了人格，通晓了嘴巴和手真正的功能。在人生每一场来势凶猛的暗战中，保全了自己。

# 那些不曾遗忘的叛逆时光

那些荒谬的往事，那些疼痛的爱情，那些生命里出现过又消失的人。他们影响了你，塑造了你，完善了你。终有一天，你会成为更好的自己。因为更好的你，值得拥有更好的人。这就是青春的价值，这就是恋爱的意义。

挤公交车时，我遇见了同事的儿子简单。他穿着奇异服装，头发染成了耀眼的橘红，发型很夸张，抹了发胶，一根一根刺猬般立在头上，闪亮的耳钉更是吸引了众人的目光。站在他身旁的几个男孩也是奇装，一个个颓然地挨在一起，满脸倦容。

看见我，简单的脸红了，低声说："叔叔好！"然后匆匆垂下头，不再看我。这个长相俊秀的男孩，小时候很乖巧，学习成绩也好，但到了十五六岁的年纪就变了样。同事说过，儿子的脾气变得越来越坏，喜欢和他抬杠，喜欢夸张的造型，弄得人不像人、鬼不像鬼的。他一直叹气，直言教育失败。

我好奇地打量简单，才发现他们中有个女生，只是极短的头发和磨得很旧的牛仔洞洞装让我误以为她是男生，她的手缠绕在简单的腰间，整个人都贴在简单身上，怪不得简单看见我会脸红。

简单轻轻推开女孩的手，身体往后退了一步。女孩嘟囔了一句，扭头瞟了我一眼，目光中透着挑衅。我冲她微笑，礼貌地点了点头。女孩怔了一下，也展开笑容，还原她纯真可爱的面貌。这些大人们眼中的坏孩子，其实只是正处在青春的叛逆期，个性张扬，急着向全世界宣告他们的存在，用另类、夸张的造型吸引眼球，博得被注视。我看着他们，仿佛看到了曾经年少的自己。

年少时，我也喜欢穿和别人不一样的衣服，把完好的牛仔裤剪上几个洞，在头上喷定型水，对着镜子侍弄夸张的造型，在黑暗中静坐，眼带忧伤，装深沉摆酷。那时候，不知哪儿来的无名火总是郁积在心里，随时都会爆发。我开始试探性地挑战父亲的威严，不再相信父亲的无所不能，倒是希望父亲能够重视我，把我当大人看。

那时的种种怪异行为，都只是为了让自己看起来和别人不一样，希望同桌的女生能够感觉到我是与众不同的男孩，为博她一笑，我会故意做哗众取宠的事。我和同桌并没有发生什么事，我只是简单地喜欢她的温柔和乖巧，因为她长得像我喜欢的明星。只是在我们都还不知道何谓初恋时，关于我们早恋的消息已经在校园传得沸沸扬扬。父亲为此骂了我，老师找我谈话，而同桌女生更惨，她的父母不问青红皂白，直接打了她，还到学校闹了一场。

我们悄悄约定好，带上所有的零花钱，一起流浪。那个时候，流浪是我们能够想到的最浪漫的事。原本我们只是简单的喜欢，和爱无关，但在流言蜚语来袭时，我们紧紧地团结在一起。流浪一天后，我们就被双方父母找回家。父母想分开我们，我们却偏要在一起，他们反对得越厉害，我们就更挣扎地想在一起。后来，我们真的就在一起了。

同桌不再是乖乖女了，她的叛逆言行比我还夸张。在她被父母逼迫时，她竟然选择用跳楼的方式相威胁。她当然没有跳下去，但后来她的父母就放弃再管她，而我却被她吓倒了。我的父母也觉得我无可救药，懒得再管我，可是我们在没有人干涉的情况下，却渐渐地开始相互疏远。她觉得我不够勇敢，而我觉得她不够温柔乖巧，我们的恋爱，没过两个月就无疾而终。没有争吵，没有纠缠，随着毕业时间的临近，我们彼此都不再关注对方。

在无聊的时间里，我突然喜欢上了看书，然后又着魔般喜欢上写作，后来就一发不可收，我完全把课余时间都投入到看书和写作上。毕业后，我一直初衷不改地喜欢写作，直至今日，写作依旧是我生命中很重要的一件事。而同桌女生，自毕业后再也不曾见。如果不看昔日的合照，我几乎都忘记了那些叛逆时光里的往事，也不知道多年后的她是否安好？

谁的青春不曾叛逆？只是方式不同而已。叛逆，是青春期必然要出的美丽痘，这段时光会在悄然无声中流走，没有必要谩骂和责备，因为人总有一天会长大。

不管你有再多的兴趣爱好，再多的社会关系，再深的对努力学习的厌恶之感。在你青春期的某一个时间点，你都会明白，学习的重要性高过所有。你要无欲则刚，你要学会孤独，你要把自己逼出最大的潜能，没有人会为了你的未来买单；你要么努力向上爬，要么烂在社会最底层的泥淖里。这就是生活。

# 青春之情，此生不老

约上三五好友，哪怕一个两个，说些不三不四、不着边际的话，看些没心没肺、不痛不痒的碟，然后再胡吃海喝、举杯把盏。青春，是我们不管不顾、不可收拾的疯狂。

人到中年，各种聚会一下子多起来。老乡会，战友会，同学会，其中，最广泛的几乎每个人都会遇到的，是同学会。大学同学聚会，中学同学聚会，小学同学聚会，甚至，还有人组织起了幼儿园小班的同学聚会。

前段时间，七十岁的老娘兴冲冲打来电话："陪我去买两件衣裳，过两天我们有场同学聚会。"到了聚会那天，一干老头老太太在大饭店里笑语喧哗，散了聚会好几天，老娘还意犹未尽逢人就说。听她脆生生提起五十多年的那些同学的名字，某个瞬间，古稀之年的老太太眼角眉梢居然又有了小姑娘的俏皮和可爱。

看着眉飞色舞的老娘，想起自己刚刚参加过的高中同学聚会。

毕业25年，大把的中年家伙又凑在一起，虽然不算天南海北，可是，很多人，却也咫尺天涯——同在一座城，有的居然从毕业到现在就没有见过。聚会伊始，随着房门一次次推开，一阵阵的欢呼此起彼伏。他来了，她来了，TA们全都来了！

热烈拥抱的故人面前，忽然想起苏轼的慨叹：尘满面，鬓如霜，夜来幽梦忽还乡……诗人怀念亡妻的忧伤我们没有，但时光倥偬的改变却令你我的感叹无时不在：高了，矮了，胖了，瘦了，有白头发了，眼角添了鱼尾纹了。

不过，任是沧海如何桑田，只需一杯酒的时间，物是人非之感烟消云散，笑坐在你我面前的，还是那个无比熟悉的故人。

一桩桩年少旧事拍拍灰尘从记忆的深谷里站起来，一点点依稀的往事抖抖尘埃在寂静心底浮出来，望着那些亲切又欢欣、兴奋又忘情的面孔，忽然悟到了同学会大行其道的根源所在。

表面看，所有同学会都是奔着故人来的一场相逢，可再往深处想，昔日的故人情之外，每个人内心深处更悸动的，却是和昔日的自己来一场重逢。

和别人的"遇见"，可以从横向的角度参悟世事；和自己的重逢，则是在纵向的位置感知命运的神奇。

罗大佑的《光阴的故事》唱得多好：春天的花开秋天的风以及冬天的落阳，忧郁的青春年少的我曾经无知地这么想，风车在四季轮回的歌里它天天地流转，风花雪月的诗句里我在年年的成长，流水它带走光阴的故事改变了一个人，就在那多愁善感而初次等待的青春……遥远的路程昨日的梦以及远去的笑声，再次的见面我们又历经了多少的路程……

时间是一张经纬织成的光阴之网，不同阶段的同学就像光阴之网中不同节点的原点，茫茫时空中我们遇到，茫茫时空中我们失散。擦肩而过的路人或许从此杳无音信，但我们，却因为"同学"这个称谓有了再次遇见的线索和机缘。

很早之前在一个朋友的空间看到过系列照片，几个同事，每年秋叶泛黄的时候去一条固定的街道拍一张同样姿势的照片。一去十年，十帧照片，看得人唏嘘感怀又心怀温暖。那样一组照片，记录了时光的迁徙，更记录了一群人无比珍贵美好纯净的情谊。

这样的情谊，在我们仓促行走逐渐老去的路上，已不多见。这或许也是很大一部分中年人特别中意同学会战友会的根由：无论现在的我们多么粗糙市侩，内心深处的角落里却依然怀揣着一份这样的赤诚和坦然——赤诚到甫一见面即可摘下所有的面具，坦然到无论如今的差异多么巨大却一样可以勾肩搭背称兄道弟不分彼此。

这样的纯净和美好，除了故交，哪里还可以遇到。

而同学会的美好，又何止于此。

哲人关于人生有过那样的譬喻：既要脚踏大地，又要仰望星空。人到中年，为凡俗琐事所累，我们都成了背负各种行囊双脚从来不曾离开地面的现实主义者。这样的时候，灵魂对于灿然星空的渴望，只有借助"出口"才可以抵达。

同学会，无疑就是最佳的"出口"之一。

多年之后的再次"遇见"，会令你停下匆匆赶路的脚步突兀邂逅时光流逝的痕迹，看一下岁月和光阴如何轻易地改变了一个人，再看一下人生种种不尽相同却可以不乏同样精彩的博大和浩瀚。这样的看到，会令你更深刻地了解生活的意义，更透彻地明晰当下的自己，更坚定懂得未来的追求。

从这个角度说，同学会，既是一场灵魂的反思会，又是奋斗路上的加油站。它能够让你我在最卑微的尘埃里拨冗仰望星辰，清洗污浊，荡涤身心，轻装上阵。它更能够让你我懂得，纵然十里搭长棚天下没有不散的筵席，但今天的筵席散了，还有明天，明天的筵席散了，还有余生。

只要你我一直在，此情永不老。


我期待一次这样的旅行：住在一间安静优美的小屋，在鸟鸣中起床，推窗有花香扑面而来。早餐过后，在阳光温暖的抚摸里，我们骑车踏青或光脚奔跑。累了，我们就躺在绿草的清凉中，看天空湛蓝如洗。入夜，我们一起数繁星点点，聊我们的心事和青春。我们不再疲于奔波，此时，风景不在远方，而在身旁。

# 想要和你去私奔

太爱一个人会常常把她幻想在你身边，然后越来越心酸。有时候选择与某人保持距离，不是因为不在乎，而是因为清楚地知道，那个人不属于自己。或许，有些爱，只能止于唇齿，掩于岁月。爱情可以是低到尘埃里还要开出花来的卑微，也可以是自此天涯不相问的骄傲。

我曾经想过跟你私奔，于是在地图上挑选了几个城市，厦门是第一个跳入脑海里的选择，符合一个想要私奔的人的理想居所——海边，清新。

但是转念一想我又担心你觉得庸俗，我更担心海边的风浪会卷走你对我的爱意，于是，我又开始寻找。

昆明，我喜欢那儿的阳光和远离喧嚣，云南菜倒是蛮符合我的，但是那儿似乎会让人有些高原反应。

长沙，我没去过，但是听说那儿生活惬意，夜晚热闹，可我担心常年吃辣会对肠胃不好，且我听不懂那里人说的话，也不喜欢湖南卫视的主持人们。

成都，同样也是生活悠闲，同样也是辣的城市，我喜欢那儿，但是又担心气候，我知道你怕热怕出汗怕地震。

我也曾想过北方的小城，比如青岛和大连，但我受够了那里的寒冷，或者你觉得是不是我们可以去拉萨和南疆，但是亲爱的，我想跟你生活在一起，而不是片刻地停下再出发。

我算过我们的积蓄，可以买个大点儿的房子，不一定要新盖的，哪怕老旧一点或者偏远一些。因为我想你可能需要一个工作室，在你找不到工作的时候，你可能需要画图或者卖字来维持我们的生活。或者我也可以去找一份朝九晚五的工作，但你知道我更爱每天做一道永不重复的菜来喂饱你。

我希望墙和屋顶都是白色的，雪一样的洁白，那样搭配原木色的家具比较美。水曲柳的材质或者干脆从旧货市场找一些老式但保养良好的，我们拆了自己打造。我不介意学习如何做个木匠，但是刨花这种活儿，亲爱的还是你来吧。

床单要水洗棉的，看着舒服，书桌前要永远有一束白色的栀子花。

地板上要铺一个厚厚的毯子，最好产自伊斯坦布尔，但我也知道尼泊尔那儿有一些相对廉价的货色。不然就长绒毛的跟大地一样的颜色，我们可以在白雪皑皑的冬天躺在上面看落地窗外面的雪。如果是夏天，那就粗麻地毯，我们看云，就看上一整天。

院子里种什么好呢，我说一定要种些香草可以做菜的，还要一些蔬菜和鲜花。我想要一棵苹果树、一棵桃树，还要一棵樱花树，还想要一条狗和一只猫常年趴在墙角晒太阳。

我们有满满一墙的书，你会让我不要一直买下去了，而我会故意不听。每个午后，我们会在书房找个角落各自看书，直到天色渐沉，夜幕降临。

你知道吗，这些其实我可以都不要，只要和你生活在一起，在一个不繁华的城市。当然我们无法选择更小的城市，因为我们并没有可以傍身的手艺，同时我也希望你可以过得舒服一些。

我可以坐几站地的公交接你下班，听你同事夸我温柔美貌，我们手拉手穿过公园学校，再在家附近的摊位买上一两种你爱吃的食物。我们哪儿也不去，我们谁也不找，这样，谁也就不会走着走着就把谁丢掉了。

我再也不需要漂亮衣服了，我只要棉质的、麻织的，最简单的款式，最纯色的T恤。我会把头发绾起，我会从此素颜，只要你还喜欢这样的一张脸。

春暖花开，风和日丽，窗前白色的幔帏随风飘荡，你写了一首诗给我，写了一封情书给我，你唱我最爱的那首歌，我在旁边用钢琴帮你伴奏。

我们共同完成一幅画作，却要你构思画稿和勾勒，我只管填色。

我们在夏天时候去海边，在冬日寒冷的夜晚相拥入眠。

就这样，日复一日，年复一年，直到死亡那一天的到来。

我想，我已经想象了所有的一切，却唯独忘了问你，要不要跟我一起走。

爱情里最棒的心态就是：我的一切付出都是一场心甘情愿，我对此绝口不提。你若投桃报李，我会十分感激。你若无动于衷，我也不灰心丧气。直到有一天我不愿再这般爱你，那就让我们一别两宽，各生欢喜。

# 阳光下，少女的心事在绽放

有时候感情好像就是这么突然，会因为一个眼神、一个笑容、一件事情就动心。一个人最幸福的时刻，就是找对了人，他宠着你，纵容你的习惯，并爱着你的一切。哪怕最终没有在一起，可是无论今后你会经历什么，无论你将与谁共度一生，想到他还能情不自禁地微笑，也不枉此生你们相识一场。

林静买了一只猫。

原本，她只是走进楼下新开的宠物店，想要随便逛逛，却在看到那只猫的第一眼后，就再也移不开目光。

安静伏在那里的小猫，看上去就像一只精美的布偶。身体是纯白色的，耳朵和尾巴过渡成漂亮的浅棕，让人感觉到那份柔软蓬松。

最美丽的地方是眼睛，湛蓝，清澈如同潭水的颜色，又像笼着一层薄薄的雾气。这样的眼睛，加上微微抬头望着人的姿态，有种一下子击中人心的忧郁和恬静。

林静在看到这只猫的那一刻，脑子里就只剩下一个念头：买下它，马上买下它。

于是林静没怎么犹豫，就掏出自己将近一半的存款，把这只安静优雅的小王子带回了家。

她的小王子看着陌生的环境，只是发出一声乖乖的"喵"。林静轻轻挠了挠它的耳后，感觉到小脑袋舒服得轻抖，不禁露出了微笑。

她看着她的小猫："喏，叫你Kun，好不好？"

林静上一次养宠物，已经是几年前的事了。早已变了样子的家里，一切都要重新准备。

放置衣物的篮子被临时征用，铺上了一层柔软的毛毯，原本是装饰品的木艺盘子，也从高高的架子上被取下，擦洗过，又晾干，从此变成了这个家新主人的专属。

至于Kun，林静先给它好好地洗了一个澡。毛虽看着干净，爪子、尾巴、耳朵等总是有看不见的脏污。值得高兴的，Kun也是一只爱干净的猫，在这个过程中不吵不闹，虽然在吹风机打开的时候吓了一跳，却还是发抖着定在原地，任主人吹干了毛。

把羊奶倒进盘子。小猫迈着小步凑近，看了看盘子，又抬头看看主人。雾蒙蒙的眼睛让林静一下子就心醉了。等Kun终于明白里面的羊奶都是它的以后，迅速低头啜饮起来，很快喝了个干净，在林静伸手抚摸的时候极亲昵地蹭了蹭她，然后回到了自己的小窝，没多久就安静下来。

就这样，林静有了一个小伙伴。每天早上，先给毛茸茸的小家伙准备食物，然后道别；放学归来，推门就看到一双温柔的蓝眼睛，能融化一身疲倦。如果不忙，林静会带着Kun到楼下公园散步。

林静不知道别人家的猫是什么样的，她只知道自己的Kun，漂亮、安静、聪明。

她最喜欢它盘在窗台，一身阳光，安然望着窗外的样子。

她的Kun是温文尔雅的小王子——她喜欢的，小王子。

休息日和同学去看电影，原想的场次居然余票不足，一群人不得不多等两个小时。这时间太过漫长，林静想着自己的家就在附近，索性邀请男生女生们去家里小坐。

不过，她似乎忘记了什么事情，直到打开门，听到那声亲昵的"喵"时，心才咯噔一跳。

"啊，好可爱的猫！"立刻就有女生喊了起来。林静也不怕乖巧的Kun会咬人，径自去拿拖鞋，邀请大家到客厅坐下。

"真漂亮，这是什么品种的猫啊？"那女生问。

"布偶猫吧。"回答的却是另一个男生。林静有些惊讶地看去，对方微微一笑："我也养猫，研究过一点。"

林静看着那个穿白衬衫的男生把猫抱起，仔细看了看脸部和足掌，熟练地伸手轻挠小猫的下巴，舒服得小家伙一阵激灵。Kun用不安分的爪子去抓他挂着的耳机，男生也不见恼，轻巧地解救出自己的耳机线，看着这小东西笑得更开怀。

"你这只布偶很漂亮啊。这种猫很乖，女生养着挺好的。"

林静觉得他身后的阳光实在太耀眼了，照得她心有点不正常地跳。她连忙转过身去给客人倒水，不让他们看见自己的表情。

"小静，你的猫叫什么名字啊？"

果然有人问这个问题，早已准备好答案的林静几乎瞬间就回了一句："小白。"

然后迎来哄堂大笑："又不是蜡笔小新的狗，居然叫小白？！"

马上就有人拿这个名字逗弄猫咪，但是显然，Kun对这个陌生的音节不会有一点反应。林静虽心叫不妙，却打定了主意什么都不说。

好在，也没有人深究。

笑笑闹闹中，时间过得很快，似乎没一会儿就要再出发。临出门，林静看见沙发上有个眼熟的包，连忙提高声音唤了一句："Kun，你的包落下了。"

门外的男生都还没反应，小猫已经欢天喜地地扑到林静脚下。她瞬间哭笑不得，安抚了一下爱猫，逃也似的匆匆出了门。

林静养的小猫叫作Kun，这是个秘密，不让人知道。

林静心里的那个少年叫作Kun，这是更大的秘密，她不告诉任何人。

少年的名字叫付坤，是一个非常非常优秀的人，和林静同班，就在她右前方靠窗的位置，一侧头，就能看到的位置。

Kun是他的外号，男生们取的，为什么这么叫，林静至今不得而知。她只知道，大家都习惯了这样喊他，所以暗怀着别样心思的她，也可以伪装自然地这般呼唤，享受那一点点亲昵，哪怕只是错觉。

她查过Kun这个名字，乍看像英文，其实却不是。也许，没必要深究，这个名字本来就足够特殊和与众不同了——在她的心里。

因为付坤，林静开始喜欢白衬衣牛仔裤，因为那个少年这样穿的时候，总是显得分外清俊。因为付坤，林静开始养成小小的洁癖，因为那个少年就是这样，尽管温和却近乎苛求着整齐和干净。因为付坤，林静总想把自己变得更好一点，有更出色的成绩，写更漂亮的字体，读更多的书，有更多的朋友……直到像他一样优秀。

可是林静也知道，付坤，大概永远都只能是她心里的那个小王子。

可望而不可即。

付坤马上就要出国了，去美国读高三，然后考她从来没敢想的好大学。她只能看着他们的人生，变成过了交点的相交线，向着截然不同的方向，一往无前。

她所能期望的，也不过是在这最后的时间，能够多看几眼，窗边那个少年的侧脸。

她的小猫好像病了，连续几天，一直恹恹的。林静好不容易逮着空，急匆匆带它去宠物医院。一番检查下来都没什么问题，这才长舒了一口气。

"小坏蛋，居然吓我……"林静戳着它的鼻子，怎么看怎么觉得它这会儿精神好得很。突然听到有人叫自己的名字，她回头吓了一跳，付坤！

这样都能偶遇？林静悬了半天刚刚落下的心，这会儿又不听话开始狂跳，弄得她简直有点缺氧。她不得不强迫自己把注意力从人移到猫上。

"你家的……'美短'？"

"嗯。它有点不舒服。"

大概是林静凑得过于近了，付坤怀里的美国短毛猫凶凶地叫了一声。这一下太过突然，把她的Kun吓了一大跳，猛力一挣扎，噌地跳下地去。

眼看着吓着了的小猫不知要朝哪儿横冲直撞，林静急忙追过去："Kun！快回来，Kun！"

折腾一番，终于把猫抱起来，林静连连抚摸着自家宝贝，希望让它尽快平静下来。因为过于专注，直到她重新走回付坤身边，都还没意识到自己干了什么傻事。

直到听到一句："Kun？不是小白吗？"

林静瞬间僵直。

看着面前少年有点惊异又似乎在忍笑的表情，林静这下真的可以确定，她的脸，完全烧起来了。

付坤的欢送会，是林静组织的。他出发的那天，林静也打车去了机场送行。

并没有什么特别的意思，只是想在这个少年离开前，说最后一次祝愿，以及最后的最后，道一声再见。

有些秘密永远会是秘密。有些秘密不必说出口，也不必说懂得。然而秘密，永远不意味着逃避。不是怯懦，不是不敢面对。

所以最后，她还是做了自己真正想做的，然后发现，在看着飞机升上天空的时刻，她竟然是微笑的。

年少的时光，总是匆匆。从相遇，到分别，似乎只是短短一刹那的时间。与其为那些不可挽留的悲伤，不如微笑，不如在每一个崭新的开始，把自己变得更好。而那些曾经绽放过的明媚和美好，也永远是一树繁花，就在身后。

几个月后的一天，林静在信箱里，发现了一张来自美国的明信片。

她坐在桌前，把玩着小小的卡片，看了一遍，又一遍。最后看着落款处，清秀俊逸的"Kun"，她弯起了眼睛。

"这样真好。"

林静笑着，抱起她最最喜欢的另一个Kun，低头亲了一下猫咪的脸。

只剩下那少女的心事，继续在阳光里，静静地盛开。


发现一种特别舒服的关系，并不总是你一言我一语的秒回，有时候愿意把我现在看到的所有东西一股脑儿的发给你，不用组织好精简的语言，啰哩啰唆也不怕有哪句话说错，发完也不会等着回复，因为我知道你总会看见，是信任，和任何时候都不会被丢下的安定感。

# 有爱相伴，从此再不孤单

有一种爱，它是无言的，是严肃的，在当时往往无法细诉，然而，它让你在过后的日子里越体会越有味道，一生一世忘不了，它就是那宽广无边的父爱。父爱其实很简单。它像白酒，辛辣而热烈，让人醉在其中；它像咖啡，苦涩而醇香，容易让人为之振奋；它像茶，平淡而亲切，让人自然清新；它像篝火，给人温暖去却令人生畏，容易让人激奋自己。

那天，五岁的他回到家，发现家里坐满了人，有他认识的，也有他不认识的，唯独没见到妈妈。他到处找妈妈，卧室、厨房、阳台，平时总是无处不在的妈妈，却忽然消失了一般，怎么也不肯出来。

他急得哭起来："是不是妈妈不要我了？"

爸爸把他搂在怀里，说："妈妈只是出门了，暂时要和你分开一段时间，但是，妈妈永远都爱你，你是她最爱的宝贝。"

"是吗？"他半信半疑，却还是高兴地擦干了眼泪。

爸爸没有骗他，因为两天以后，他就感受到了妈妈的爱。

那天他跟小伙伴们在外面玩，玩累了回到家，像往常一样急着跑进厨房。以前的这个时候，妈妈总是会从菜柜里端一盘蒸好的饺子，放进微波炉里转一转。

他学着妈妈的样子打开菜柜，惊奇地发现，那里放着一盘蒸饺，他赶紧把蒸饺放进微波炉里，转了几分钟，饺子的香味很快在屋子里弥漫。他吃着热腾腾的饺子，胃里暖暖的，心里也暖暖的。

妈妈果然爱他，即使出门在外，也知道为他准备一盘蒸饺。

星期天，爸爸加班，他一个人在家看电视。看着看着就睡着了，醒来后，发现肚子咕噜噜直叫。如果妈妈在就好了，起码会给自己买一包薯片充饥。

他决定在家里找一找吃的东西，最后在电视柜里，找到了一大包薯片。上面还贴了一张纸。他认得那上面几个简单的字："宝贝，吃吧，妈妈爱你。"

他撕开包装袋，一边吃着薯片，一边想，等妈妈回来，我一定要好好亲亲她，她对我真是太好了！

有时候他打算出门去玩，走到门口，被一把横躺在地上的雨伞绊了脚，气呼呼地把雨伞捡起来，发现上面贴着一张字条："今天会下雨，带上它，别让妈妈担心。"

这几个字，让他的怒火一下子全熄。他听话地拿着伞，走出家门时，看见天空阴沉沉的，随时都会下雨的样子。

幸亏妈妈提醒他带伞，不然自己肯定要淋雨了，妈妈真是细心。他忍不住咧开嘴，露出灿烂的笑。

有时候他也会觉得不对劲，为什么妈妈一直出门，从来不回家呢？但每次他这么怀疑时，总能在某个角落里，发现妈妈特意为他准备的东西，这些东西，像投入湖面的石头，将疑虑的水面打得七零八落。

偶尔有小伙伴嘲笑他没有妈妈，他会像一头狮子，怒吼着冲上去，理直气壮地吼："谁说我没有妈妈？昨天我妈妈还给我买鱼干了！"小伙伴们顿时哑然，在他细致的描述中，相信了他说的话。

从五岁到十岁，整整五年，他一次也没有见过妈妈，妈妈的脸在记忆里慢慢模糊，可是妈妈的爱总在每一个角落里藏着，只要他需要时，就会给他温暖。

逐渐长大的他，还是觉得不对劲了，妈妈怎么可能出门几年不回家呢？他问爸爸，爸爸只是说，等你长大了，妈妈就回来了。

他觉得这句话很有问题，可又说不出问题在哪儿。

那天早上，他忽然觉得肚子疼，赤着脚就往卫生间跑。经过客厅时，看见爸爸坐在沙发上，面前的茶几上放着几包零食，而爸爸拿着纸和笔，认真地写写画画。

见他出来，爸爸的身体一下子绷直，满脸警惕地看着他，同时用胳膊死死地压住面前的纸。但他还是看见，露出的那一角上，写着"妈妈爱你"几个字。

他顿时什么都明白了，其实，所有给过他温暖的东西，不是妈妈准备的，全是爸爸准备的。爸爸用这样的方式让他相信，妈妈爱他，一直爱他，妈妈的爱从未走远。

在他五岁那一年，妈妈就去世了，永远都不可能再回来了。怕他接受不了这样的打击，爸爸才煞费苦心地演了这样一场戏。

其实他心里一直隐隐有所察觉的，他只是不愿相信妈妈已经离开，所以才自欺欺人，相信藏在角落里的那些爱，都是来自妈妈的。

他假装什么都没有看见，径直跑进了卫生间，蹲在马桶上，眼泪如决堤的海，汹涌而下。

这些年他感受到的每一份母爱，都是爸爸苦心编织的。爸爸的爱藏在每一个角落里，用母爱包裹着，卑微而炽烈。

他哭着哭着就笑了。有爸爸的这些爱相伴，他已经从丧母的伤痛中走了出来，还有什么是他不能面对的呢？


如果把母爱比做是一枝盛开的百合，在每个角落中散发着它迷人的芳香，那么父爱就是一株茉莉，它在某个角落中默默地吐着它那清新的芬芳！向来只有赞颂母爱的伟大，可又有谁知道父爱的含蓄！父爱这字眼是多么的平凡，但这种爱是多么的不平凡。

# 多希望你能一直在我身边

父爱永远都是沉默的。父爱虽然没有母爱那样的细腻，但与母爱一样厚重。当你以一颗真挚的心，仔细体会和感悟那份沉默时，你的生命就定将得到更多的温暖、更多的幸福。那沉默之中所蕴含的是热切的鼓励，狠狠的鞭策和殷殷的期望。

## [一]

小时候，我异常淘气，跳跃着走路。父亲对我的这种习惯很看不惯，看我的眼神都是阴沉的。不过，我还是我行我素。有一天，我又跳着走路，突然脚底一滑，跌倒在地，膝盖沁出了丝丝血迹。父亲沉下脸，冷冷地背过头去。我委屈地从地上爬起来。不过，从那以后，我就不时地跌倒，膝盖总是新伤加旧伤。尽管这样，也阻止不了我淘气的性情，爬墙上树，摸鱼捉虾，是经常上演的剧目。就是膝盖很不给力，像换成了棉花，不定时地罢工，跌倒就在所难免。

我跌倒时被母亲撞见，她会把我扶起来，给我涂药；要是被父亲看见，我只好自己爬起来，还要被呵斥不许哭。一天，我又一次坐在母亲面前上药，父亲走过来，扫了我一眼，冷冷地说："明天你推着我去上班！"

我的嘴张成了"O"形。我才七岁，七岁的孩子推一个坐着轮椅的大人，到二里地外的学校，这不是天方夜谭吗？"爸，你逗我玩吧！"我嬉笑着回嘴。"推我上班，明天开始！"他的声音高了几度，每个字里都透着威严。我缩缩脖子，不再言语。

父亲是村里的教师。不过患了一种肌无力的怪病，靠轮椅出行。从我记事起他就和轮椅紧紧相连。学校在与邻村的交界处，离家有二里地。

第二天天一亮，父亲就把我从被窝里拎起来，吃过饭，我把轮椅推出门，我们就上路了。没走几步，我的腿就磕在轮椅上，疼得我龇牙咧嘴。"不推了，我推不动！"我甩手坐在路边生气。"这点小事都做不了，再坚持一会儿就到了。"父亲吼我。而我人小力单，走一会儿又累了。看我没有力量了，他让我歇会儿。一路走走停停，到学校的时候，上课的铃声已经响过两遍了。回来的时候，也是用了同样长的时间。更要命的是，腿总是磕在轮椅上，青青紫紫的。

母亲心疼我，狠狠瞪着父亲，但这并没有改变他的决定。第二天，他很早就把我叫了起来，怕影响上课，要提前出发。我愤愤地想，世上再没有如此狠心的父亲了。

终于，在一个雨天，我们淋成了落汤鸡之后，我的委屈和不满瞬间爆发了。我叫嚷着再不上学了，再不推他了。父亲又露出了那种阴沉的表情，拉着脸，上前打我，由于我的躲闪，他的劲道又大，一下子从轮椅上闪下来，脸上擦出了一道血痕。我吓呆了，也屈服了，乖乖扶他起来。不过心里却因此种下了怨恨的种子。

[二]

抄教案，是父亲给我增加的另一个任务。厚厚几本教案摞在我的桌前，每天抄一点儿，够我抄上大半个学期的。

那年我十岁，有了许多想法，对他的怨恨就又多了几分。可是母亲不识字，他的手又因为疾病佝偻变形，握不了笔，这个工作只有我能干。父亲自然看出了我的抱怨与不满，不过他不做评判，只是说早晚有一天我会用到的。我不想知道缘由，只是想早点结束这枯燥的劳动。这事无情地剥夺了我多少玩乐的时间啊。

我做过很多种假设，如果父亲不这样严酷，如果父亲不坐轮椅，我的生活是不是会快乐许多？但仅仅是假设，生活还得继续，而且状况越来越糟。我十五岁时，父亲的病一天比一天重了，身体佝偻成一团。最后，不仅不能到学校去上课，连坐轮椅都是一件极困难的事。山村太落后，没有教师愿意接替父亲，父亲就对我说："我实在放心不下这些孩子，你去教他们吧。"我重重地点了点头。

# 〔三〕

谁想到这竟成了我和父亲的最后时刻。我答应的当晚，他永远闭上了眼睛。

那年，我十六岁，还懵懵懂懂，就被推上了讲台。去教室的路上，我心里打着小鼓，不知道面对孩子说些什么。进了教室，写下课题，抄得精熟的教案马上在头脑中呈现，我按部就班，竟然讲下了一堂课，获得师生和家长的掌声。他们在下面窃窃私语，说我不输给父亲。我笑了，也哭了。在心里一遍遍感谢父亲的用心良苦。不是他，我又怎么能如此完美地由一个学生成为一名教师。同时涌起的还有愧疚，要是我早懂得这些，父亲会不会欣慰一些？

我该愧的疚岂止这些。一天，我上完课走在回家的路上，突然，脚一软，栽倒在地。这一摔，我就再也没有站起来。医生说，我遗传了父亲的肌无力，将会和父亲一样与轮椅为伴。而我见到的父亲所承受的疾病的痛楚将在我身上一一重演。母亲抱着我痛哭，她说其实七岁时我的频繁跌倒，就已经是发病的征兆了。医生说再过一两年，就会瘫痪。父亲听了分外忧伤，想到一个锻炼肌肉的好办法——推着他上班。他知道这对我很残忍，不过这样的残忍，终究好过失去行走能力。而为了让这件事情得以进行，他必须掩了慈爱，戴上严酷的面具。

我潸然泪下，慈爱的父亲，用近乎残忍的方法，锻炼我腿部的肌肉，使瘫痪这个恶魔晚来了十多年！从而换来我十多年的行走。而我竟幼稚地怨恨他十多年！如今，若能换回父亲的生命，我宁愿再怨恨十年！

父爱之所以伟大，是因为他懂得承担责任，宁愿自己受苦受累，也要为家人遮风挡雨；父爱之所以珍贵，是因为他用无声的行动给家人带来温暖，教会子女生活的道理。父爱之所以不可或缺，是因为父爱如山，他是子女心目中的偶像，在树立正确的人生观和价值观上做出了榜样。请珍惜这个伟大的男人——父亲。

# 以最好的姿态靠近你

爱一个人，首先不是要为对方做多少，而是让自己更优秀、成为更好的自己，那样才能也才有机会为对方做更多更好的事，能给她自己能想到的最好的东西，最好的生活，而在让自己变得更好的路上，我能做的就是陪伴。希望我们都能握住对的人的手，成为更好的自己！

## [一]

我第一次知道何景仲这个人是在高二那年，那时候是秋天，学校里种满了银杏树，茂密的银杏树叶漫过天际，连成一片，美是美的，只可惜风过留痕，每次都苦了打扫卫生的同学。见到何景仲的头一天是个大风天，值周的我面对一地金黄，心情美丽又惆怅。

我拿着扫帚开始清扫，没过一会儿，教导主任就领着一个男生过来。快走到我身边的时候，教导主任扯了一把跟在他身后的男生，把他拉到我面前说："陆思年，你不用打扫了。接下来的任务交给何景仲。"

我小声地问："为什么？"

教导主任气冲冲地说："你自己说，怎么，你做的好事自己都不好意思说吧？你说你，早恋就算了，居然敢借值日之便把情书写在黑板上，对象还是班里成绩最好的同学，自己不好好学习就算了，还祸害好同学。太恶劣了！"

我听得一愣一愣的。一旁的何景仲却显出不耐烦的神色来，他把书包往树根下一丢，一把夺过我手里的扫帚，一脸戏谑地看着我，笑嘻嘻地说："好学生，你走运啦，有人顶你的班，你走吧！"

我一直记得那个场景，地上是地毯一样黄灿灿的铺陈，同时树上还不断有残叶飘零下来，何景仲就那样立在秋天的晚风里，一头碎发散在空中，笑着对我说话。

就在那一刻，我17岁的少女心怦然而动。

我不知道哪里来的勇气，居然迎着教导主任冷厉的目光坚持说："我留下来和何同学一起打扫吧！"

何景仲有些诧异地看着我，但很快笑意盈盈地说："没想到你还挺讲义气的嘛！"

我们就这样在那个落着银杏树叶的傍晚一起默默打扫着教学楼下那块巨大的空地，"簌簌簌"的扫地声和我"怦怦怦"的心跳声交相回应。

[二]

我值周的最后一天也是何景仲受罚期的最后一天，乖张的他并没有安静地收尾，而是又做了一件惊世骇俗的事情，他用地上的落叶在那块空地上堆出了他爱慕的那个女生的名字。

然后他站在那三个字中间，朝楼上大声喊道：何书曲，我喜欢你；何书曲，我喜欢你；何书曲，我喜欢你……

那三个字念起来真美，却像一根刺一样扎进了我心里。

那时候已经放学，但学生并没有散尽，他这么一喊，教学楼的走廊上一下挤满了看热闹的脑袋。我则站在他身边，久久无法从惊骇中回过神来。不知道为什么，何景仲那个放肆妄为的样子，完全符合我对此间少年的所有期待，我一时陷入一种无法言说的迷恋里，光看着他，就觉得熠熠生辉。

没过一会儿，教导主任就万分恼火地从楼里下来，几乎是跑着朝我和何景仲而来，嘴里叫嚷着："何景仲，你反了天了你……"

见势不妙的何景仲赶紧停止叫喊，扭头笑哈哈地拉过我就跑。

我从来没有试过被一个异性这样拉着狂奔，并且是在众目睽睽之下，我的脑子无法思考，身体却诚实地任由何景仲带着向前。在通往校门口那条路上，何景仲的脚步重重地一下一下踩在厚厚的银杏树叶上，鼓动衣襟的长风把他的T恤吹得鼓胀了起来，蓬松的碎发在头顶弹跳着，跟在他身后的我看得完全无法抽离眼神。

我知道我完了，我发了疯一样为他着迷。

我边跑边大声问他："何书曲是谁？"

他也大声地回我："一个跟你一样的好学生。"

## 〔三〕

第二天，何景仲和我一起被叫到了办公室，那个叫何书曲的女生也在。

教导主任先开口："书曲，你有什么要说的？"

何书曲站起来走到何景仲身边，用那种我们这些好学生特有的调调说："何同学，我跟你不熟，也没有想跟你熟的意思，请你以后不要再做那些无聊的事，因为我真的会很困扰，马上就要念高三了，我不想为学习以外的其他任何事分心。请你放过我吧！"

她居然对一个这样热烈喜欢着自己的人说放过我吧，难道不应该是感谢吗？即使你并不接受。

想到这里，我为何景仲感到莫名地难过。扭头去看他，他的表情果然很复杂，沉默了一会儿后，他用有些自嘲的语调简洁地说了一个字："好。"

何景仲自然要被处罚，我也被当成共犯，教导主任言辞切切："陆思年，叫你离他远点你不听，你看你被他带的。"

何景仲要为我申辩什么，我抢在他之前说道："他没有带坏我，是我自己要和他一起做的。"

教导主任脸上惊诧的表情我至今难忘，他大概没想到一向乖巧的我会这样明目张胆地"造反"。

最后，我和何景仲被一起留在了办公室写检讨，他唰唰唰几下就搞定了，我却半天落不下笔。他问我怎么不动，我只好老实说我没写过，不知道怎么写。他听完心病狂地笑了起来，边笑边说："真是三十年河东三十年河西，如今好学生需要坏学生来辅导了！"

我在他的"帮助"下完成了人生中的第一份检讨。不知道为何，心情居然有些雀跃。

他问我："你为什么要说自己是同谋？"

我回答："因为我想和你一起，因为我不想做一个像何书曲一样的好学生。"

他的眼里闪过一丝光芒，我把它叫作感动。

# [四]

我和何景仲就这样结成了联盟，在接下来的高中生涯里，很难说我们谁向谁靠近。我学了一份他的自由无畏，他学了一点我的专注勤奋，其实他成绩不坏，只是性子有些野，人也略懒，扭正过来之后，成绩居然也和我不相上下，着实吓了我一跳。

我们就这样相伴着度过了炼狱一样的高三。

而对于我从第一眼就喜欢他这件事，我一直埋在心底，绝口未提，即使何书曲对他来说，早已是历史。

我想，它可能会成为一个腐烂的秘密，即使要毕业了，这个我第一眼就喜欢上的男孩也听不到我一声勇敢的告白。

放榜之前，我一直很忧虑，想到从此以后，这个人会渐渐淡出自己的生命，心里的难过简直无法形容。

那天还是来了，我磨磨蹭蹭地来到学校，在那张手写的大红榜单前徘徊良久后，终于来到它面前。我扫了一眼榜单，心突然突突突地好像坐云霄飞车似的跳了起来，我简直不敢相信自己的眼睛，何景仲的名字赫然跟在我的后面，我几乎是短路了一会儿，才明白发生的事情：何景仲和我考上了同一所大学！

他从来没有跟我提过啊！

他不知道什么时候站到我身后，如初见时一样笑嘻嘻地对我说："干什么？好学生，看到曾经的战五渣逆袭成功，不服气啊？"

他这句话让我几乎要流下泪来。

我问他："怎么会？"

他回答："因为我想和你一起，因为我想做个和你般配的好学生。"

他的眼里闪过一丝光芒，我把它叫作坚定。

爱是愿意为她做出改变成为更好的自己，爱是宁愿长久等待也不愿她有丝毫勉强。愿意为你变成最好的我，给你自由做最真实的你，最动人的情感不过如此，如此便足矣。

# 有时候错过就是错过了

直到你我的缘分结束了，我都不知道自己到底有没有爱过你，只知道那时候为你流过的眼泪是真的，心酸是真的，想和你在一起一辈子也是真的。不是说出来的"我爱你"都有意思。但我知道，说不出的"我爱你"都是遗憾。我爱你，安安静静对待你；我爱你，轰轰烈烈在心里。

上大学的时候看上了隔壁专业的一个女孩。

这个决定花了我一个晚上的时间。当我点开她的头像看看又关掉，点开她的自拍看看又关掉，点开她之前的微博看看又关掉的时候，我就知道，我摊上事了。

我可能看上她了。

那并不是一个特别适合拍拖的时候。

校长可能自愧于自己的长度，所以对于所有长的东西都特别敏感。在他正义凛然的要求下，开学军训的时候，所有男生的头发不得长于卤蛋，所有女生的头发必须剪成蘑菇头。

我们头顶着卤蛋混在女生的蘑菇里，就像一场盛大的关东煮Cosplay，平民版的海天盛筵。

在这个过程里我深深地体会到战争真是一种残酷的东西。我们还没开始军训的时候，就已经被改变了发型。当我们开始军训的时候，我们会被改变肤色，我真怕我们军训之后，我们连自己本来的性别都保存不下来。

但不管怎样，无论其他的蘑菇如何晒黑，又或者是怎样从蘑菇变成木耳然后再变黑。那都只是我眼中路过的花花草草，她才是这片丛林里我最想拔走的那个蘑菇头。

跟她认识是在迎新晚会上。我要上台唱首小歌，她是学生会派过来安排我和消遣我的负责人。

她个子不高，刚好够我肩头。眼睛不大，但笑起来里面有东西在转。这些平庸的素材凑起来却是一张看着很让人舒心，很让我动心的脸。

而且最重要的是，她很白。军训一点都没能给她造成肤色上的困扰。

像我这么肤浅的人，对于那些长得很白的女生，真的一点抵抗力都没有。

像我这么肤浅的人，即便是蘑菇，我也只愿意要白色的金针菇。

"到时候听到主持人喊你的名字，你就从这里走上去，2号麦你拿着，退出的时候就从另一边下去，很简单，能记住吧？"

"好，那你会来看吗？"

"才不来看你，我要去看街舞。就你那些鬼东西有什么好看的。你上去吓吓人就赶紧下来吧，把人吓哭就不好了。"

于是那天晚会结束，我收到了她的短信。

"唱得真棒，就是下次能不能把原唱给关了，听着不舒服。"

我看着短信乐了半天，想了想回她：

"对吧，我也觉得我的街舞不错呢。"

迎新以后一直是忙。大一对社团都好奇。大家都拿谁进的社团比较厉害这些屁事来比较，即便进的是同一个社团，还得比较谁的部门比较大，在哪个部门才有发展成主席的机会。

她进了两个特别大的社团，用深夜的朋友圈来证明自己的充实。我对社团无感，当了个级委和班委，每天带着一群人搞一些敷衍上级的活动。

尽管忙，但之后跟她一直是很好的朋友。过节的时候互相交换个礼物，生病的时候送上些能吃的东西。能跟我一起吐槽且不玻璃心的女孩不多了，可能她也是这么想的。所以我们一直在微信里打得火热。

有一段时间她学做蛋糕，每天跑去附近的自制甜品店去学，回来的时候放一小块在宿管那儿，让我下楼拿。她的技术真的不敢恭维，那些抹茶粉不均匀地铺在奶油上，吃着能苦掉半边脸。可我又不能辜负她一番心意，只能每天苦着脸说："啊，你今天又进步了一点点。"

有一段时间我喜欢喝罗斯福系列的啤酒，要买好几瓶才能包邮。而且包装很好看，觉得能拿出去见人，于是顺了几瓶给她。她很惊讶："你竟然敢送酒给女生，是单身多久了才会这么不懂规矩啊？"过了几天她又跟我说："这玩意真难喝，还不如喝哈啤呢，天啊，竟然比我的抹茶蛋糕还难吃，你真是装过头了。"

有时候也会一起去跑步。对于跑步这件事我一直很尴尬，我从小身子弱，1.78米的个头，体重还不够60公斤。我可不能让她发现，我很可能跑不过她这个事实。

所以机智的我怎么会让这种事发生呢。我都会事先买上两杯奶茶，笑容可掬地站在楼下等着。她下来了，就不分青红皂白先递一杯过去，然后宣布今晚我们就散散步吧，你总不想拿着奶茶跑吧。

散步的时候，大家各自做个最近的汇报，互相吐槽，不知不觉一圈就完了。送她回宿舍门口，互相约定以后你再这样吐槽我就再不要见到你了，假装不欢而散地尽兴而去。

发展到了这个地步，很多东西都不需要说得太清楚了，因为我们心里都清楚。

她跟我说过自己的心意，我那时候一时脑子发热，觉得自己身上的担子太重，没时间陪她。等大二把职务都推掉，再来跟她好好相处。于是一直拖着。

她情绪很稳定，只是笑着跟我说，那你得赔我一份礼物。

我如释重负，笑着说，一定给你。

按照所有后知后觉的故事的逻辑，很多时候，错过就是一种过错。

大一学期末的时候，好几个星期没跟我联系的她，突然跟我说："我想等另一个人了怎么办？"

我以为这是一场新型的心灵拷问。类似于究竟救她还是我妈，保大还是保小。可我怎么会上当呢，于是我说："我一直都说的是不用等我。"

她说："没关系，晚安。"

又过了几天，一朋友兴冲冲地跟我说，她跟一个男生拍拖了。

我不自然地答了声，是吗？

于是我又点开她的头像，点开她的自拍，点开她的微博，点开她的朋友圈，看了半天，全部都关掉。

我有点想吃那块难吃的抹茶蛋糕了。


不要以为你珍惜，别人就会在意；更不要觉得你死心塌地，他人就能一心一意。再多的关心，感动不了不爱你的心；再长的等待，等不来不想你的人。其实：爱你的人，不会让你痛；想你的人，不会让你等！所以，不是你的别去强求。

# 我们都曾少年

　　青春里的友情，是相互陪伴、携手并进的。因为好朋友的存在，青春的路上不再孤单寂寞。失意时的陪伴，快乐时的分享，都会给我们向上的力量。人的一生中会遇到很多朋友，而青春里陪你成长的那个人，或许一生都不用设防。

[一]

　　黄+7是我给他起的外号，只因这个外号和他的名字刚好谐音，而且他是我们班的七号。为此我为这外号的出名而偷偷乐了好一段时间。记得不熟的时候，我连名带姓地称呼他，熟悉之后，我直接管他叫小七了。可是，他并不爱学习，而且还爱小声讲话。所以他一开始没留给我多好的印象。我们的交集源于一次座位的调换。

　　高二上学期，班主任决定把全班最爱小声讲话的小七安排到第一桌来，因为身高原因，我长期占领第一排。没想到这会儿来个爱小声讲话的同桌！

　　最让我难以忘记的就是他那新潮的发型——他总是走在潮流的前沿，流行什么发型，你一定可以从他的头发看出趋势来。因为要保持发型，所以每天早上他都会喷很多定型水。那样浓郁的香水味总会让我明白，为什么他总是拎着早餐匆匆跑进来！等他气喘吁吁地坐在位置上，还嬉皮笑脸地跟我来一句："早餐分你吃好不好？"我马上就板起脸，愤愤地回他一句："无聊！"

　　头一天的物理课，我才知道身边坐个爱小声讲话的人是有多么让人愤怒！小七一会儿跟我借橡皮擦，一会儿问我讲到第几道题了。起初我还出于礼貌地回答他，后来我就不耐烦了，索性不理他。很多时候，只要不是班主任的课，他就不在。倒是一次不小心碰落了他的笔记本，只见笔记本的第一页上是他那潇洒的字迹："人生而自由，却无往不在枷锁之中。"

真看不出来，小七同学会有这么深刻的领悟！

〔二〕

渐渐我发现他从来不逃语文课，而且上语文课的时候，他总能聚集起十二分的精神。他觉得思想可以在字里行间天马行空。他说逃课的时候，他都到操场对面的小树林里散步，一个人静静地走在树荫下，聆听大自然最美妙的天籁——鸟鸣，他说自由的鸟儿鸣叫出来的声音最动听。说这些话的时刻，全然不见他那嬉皮笑脸的模样，斜斜的刘海下，那双眼睛显得那样深邃。我隐隐觉得，他对自由的渴望比任何人都要强烈。

后来听老师说，小七家境殷实，父母望子成龙，于是给他安排了一系列的补习班。小七原本是选文科的，却被父母换成了他们认为就业前景好的理科。所以小七就用逃课来表示他的抗议。那一刻，我突然感觉他多么像被关在笼子里的鸟啊！

〔三〕

关系越来越好后，小七经常带名著来借我看，像《傲慢与偏见》《德伯家的苔丝》等，他说他最欣赏的是《简·爱》，说这些的时候，他显得神采奕奕。

夏日的午后，他习惯安静地坐在位置上，戴上白色耳机，在音乐的天空中徜徉，和这个世界暂时隔离。那天见我刚做完作业，他摘下一边的耳机，示意我放松一下。一戴上耳机，耳边传来的是那首《蓝莲花》，许巍那低沉沙哑的歌声，让人心里不自觉升腾出一种欲望：

没有什么能够阻挡，你对自由的向往。

天马行空的生涯，你的心了无牵挂。

感觉许巍的歌声，悠悠地穿过心头，让人有种想挣脱枷锁的渴望。我才突然意识到，小七那些逃课、那些小声说话，不过是一个男孩子用来伪装的表象罢了。那酷酷的外表下，藏着的是一颗孤独与追求自由的心。

# [四]

　　时间在推着我们不断向前走，六月那场没有硝烟的战争过后，我们毕业了。意料之中，小七并没有考上大学。我们中间有几个月没有联系，直到那天，他打电话给我。

　　"嗨，还记得我是谁吗？"当电话那头传来久违的熟悉的声音时，我再也按捺不住激动："黄+7，别来无恙啊！"他倒是笑了，那笑声和曾经一样。"怎么样，现在自由了吗？"

　　"嗯，我现在在部队当兵呢。"

　　"开什么玩笑，当兵最不自由了。"见我在电话这头满是猜测和疑惑，他一点一滴地铺陈中间那几个月的生活。

　　"高考考完的时候，我觉得自己彻底自由了，再也没有老师的管制和父母的压迫。我瞒着父母，到网吧打了两个礼拜的游戏。当我顶着黑眼圈走出网吧时，却感到空虚袭上心头，感觉内心空空荡荡。"

　　"分数出来后，我看到老妈那哭肿的眼睛和老爸那失望的眼神，突然就感觉内心被针扎了一样痛。"他接着说道，"你知道吗？那时，我才意识到自己以前认为的自由是不管也不顾别人的感受，我一直在用一种错误的方式追求自由。也就在那一刻，我自己做出了当兵的决定。"

　　电话这头的我，听着小七那平静的语调，仿佛他在一夜之间长大了。他说自己现在在部队里站岗放哨，而他也早已撸光了自己的头发，长官都说他那样很清爽。现在的皮肤黑得很均匀，他担心自己不够帅气呢！死小七，直到这会儿还这么注意形象！

　　挂完电话，他发过来一张照片。照片里，一个帅小伙，挺立着身板，站得笔直笔直。阳光从侧面滑过，他的皮肤黑得均匀很健康。帽檐下，那双眼睛坚定地看着前方，那种眼神里透出的东西，坚不可摧。

　　不知怎的，看着照片，我突然很想你，亲爱的同桌。


　　一转眼就已挥霍了最后的青春。现实一点一点消磨我们的棱角，侵蚀我们的梦想，在失落，遗憾，不甘，愤懑的时候，想到还有你们，即使有些东西已经再也找不回来，我的掌心始终握着最珍贵的宝藏，给我力量。谢谢上天，让我们在最美的年华彼此遇见。

# 那场无关紧要的暗恋

我们的一生都会遇到很多人，会告别很多人，会继续往前走。也许还会爱上那么几个人，弄丢那么几个人。关键在于，谁愿意为你停下脚步？对于生命中每一个这样的人，一千一万个感激。

我高中一年级时，第一次听说××的名字。

就叫他××吧，起名字很累的。暗恋故事的男主角本来就不应该有名字。无法大声讲出来的名字，叫××就够了。

高一第一次期中考试前，我后桌的女孩忽然看上了一个体育特长生，拉着我们几个去体育场上看他跑圈。体育特长生发现居然有女生观摩，立刻百米冲刺跑出吃奶的劲儿。后桌却忽然冷了脸，大失所望的样子。回班之后她就宣布自己不喜欢这个体育特长生了。

我问为什么，她说你没看到吗？他冲刺的时候，迎风跑，脸抖得丑死了！他！脸！抖！

对后桌来说，"喜欢"不过就是一种寄托。放学后坐在靠窗的公交车座位上，从远在郊区的学校一路颠簸回市中心，我看着外面灰头土脸的街景，脑海中还在无限循环"他脸抖他脸抖他脸抖……"一边笑着，一边也有些跃跃欲试。

好想找个人来喜欢。

但也只是想想。这个念头瞬间就被肩膀上的重量压了下去。书包里沉甸甸的满是练习册，如果在新班级第一次考试就排名倒数，岂不是丢死人了……

少女心思化成一声叹息，和街景一样灰头土脸。

期中考试结束后我在班主任办公室帮忙整理学年分数段统计表，忽然被班主任叫住了，她指着题头的那片空白，说，你在这儿写上，×班，××，数学150，物理98，化学……

我一笔一画，因为是听写，所以把××的名字写错了，班主任本能地感到不对劲，拿着那张纸朝另一个老师挥舞，问××的名字到底怎么写。

那位老师坚决不同意我们班主任用××来做典型范例。那位老师也教语文，而××的语文成绩……呵呵。门门成绩都漂亮，只有语文丢脸，我是他们的语文老师也不会乐意树这种典型。

看完了热闹之后，我重新打印了一份表格，复印了许多份，而那张写着××名字的，本来想团了扔掉，不知怎么就折好留起来了。

这次的第一名其实是另一个女生，备受瞩目的却是隔壁班的××。在我们这所以理科见长的高中，更受关注的永远是数理化，而这位××，在这三门科目上几乎没扣分。我刚回到班级，就听见后桌女生在念叨着××的名字……

那天起，××彻底取代了体育特长生，成为一众少女幻想的宿主。我当时转过头问后桌，万一这个××长得像大猩猩可怎么办？

后桌不屑地哼了一声，才不，我去他们班门口围观过了。

我那时候可是个浑然天成的装酷少女，淡淡地一笑就转回头去做题了。女生们对这个××的好奇与崇拜，更加衬托出我遗世独立的卓然风姿、冷静自持……总之就是，我真是太特别了。

我有过好几个机会见到××的庐山真面目。

比如后桌女生站起来说××他们班在外面打球，我们去看吧。

比如我的学霸同桌捏着一本字迹极为丑陋的笔记说这是××的竞赛笔记，我请假回家，你能帮我把它送到隔壁班吗？

我的答案都是，不去。

说来也怪，其他风云人物我都会心态平和地去跟着围观，到了××这里，竟然别扭上了。

可能是有点妒忌吧。我妒忌聪明的人，从小奥数就是我的噩梦。

内心的自卑感在××这里蔓延起来。

好希望他长得像大猩猩。

日子就这样过去。我在××班级旁边的教室坐了一整年，他们班的同学几乎都混了个脸熟，我依旧没有见过他。

却因为他差点和后桌女生闹翻。就因为我曾说了他一句不好。

在后桌眼里，如果流川枫的爱好不是篮球而是数理化，那么他就变成了好看版的××。

全是最好的年华。

有次为一个同学庆祝生日，大家在食堂把桌子拼成长长的一列，正在点蜡烛时，旁边走过一群男生，前桌女生忽然兴奋地小声说，哇，××。

我条件反射地侧脸看他们，一个男生也转过脸来看我们。

……大猩猩。

××果然长得像大猩猩！苍天有眼！我微笑着和大家一起唱生日歌，却忽然有点失落。好吧，不是有点，是很失落。

可是为什么呢？

她们的少女幻想都落在一个具体的人身上，只有我的，落在了一个名字和一堆传说上。

再听到别人念叨××时，我心中不再有妒忌和好奇交杂的奇异感觉，只觉得可惜，更为自己之前愚蠢的小心思而羞愧。

真可惜。我并不是真的希望你像只大猩猩的。每周五大家都会带着一周的换洗衣物回家，我拎着一个大行李包在站台等车，身边站着我的铁哥们L。

他的戏份不重要，随便用字母代替就好。

L正在和我闲扯，不知怎么往我背后望了一眼，立刻换上了一张狗腿子的嘴脸："啊呀，今天真荣幸啊，能跟文理科第一一起坐车呢！"我一开始只是条件反射地绽放一脸"哪里哪里大家那么熟就别见外了你看你这小子总这么客气"的谦虚笑容，忽然觉得哪里不对。文科第一和理科第一？

我怔怔地回过头去。

这是××？长得还不赖嘛……那么大猩猩去哪儿了？

我这才意识到之前是我认错人了。××衣着打扮很清爽，个头的确不高，但是也不算矮，神情很冷漠。或者你也可以这样想，我喜欢的人和你喜欢的人，都长着一张同样的面孔，一张只有我们觉得特别好，却永远都羞于仔细描摹出来获取他人认同的面孔。

××拖着行李箱走过来，抬头去看站牌。我大方地侧过头去打量了一下他的背影。后来我坐在最后一排靠窗的位子上，一边和L继续谈天说地，一边看着外面毛茸茸的夕阳。阳光特别好，L问我今天吃错药了吗，笑这么开心，我没回答。

我记得那天从车站走回家的一路，车站在坡上，而我家在坡下，我需要穿过一条僻静的小路，下一段长长的台阶。站在台阶上方，俯视着下面错落有致的一栋栋房子，还有远处没入都市丛林的夕阳，忽然胸口被一股奇怪的情绪充满了。

不仅仅是高兴。

像发现了人生的奥秘，生活的乐趣，整个世界都在我脚下铺展开。我扔下旅行包，张开手臂，踢踢踏踏地跑下去，飞快地冲下一个缓坡，风在耳畔，心跳在胸膛，书包一颠一颠地拍打着屁股，不知道是在劝阻还是怂恿。

我和我的少女心，一起飞了起来。然后像个弱智一样再次爬上坡去拿扔在地上的旅行包。

发现了吗？我们活得都很辛苦。

我从不觉得暗恋是苦涩的。

对一个人的喜欢藏在眼睛里，透过它，世界都变得更好看。

我会在每次考试之后拿数语外这三门文理科同卷的成绩去和××比较；会竖着耳朵听关于他的所有八卦，哪怕别人只是提到了××的名字，我都高兴。

当然作为一个资深的装酷少女，我不能表现出来一丝一毫对××的兴趣，只能绞尽脑汁、笑容浅淡地将谈话先引向理科，再引向他们班，最后在大家终于聊起××时假装回短信看杂志，表示不感兴趣。

连这种装模作样都快乐。

夏天来临时，天黑得晚，晚自习前的休息时间很多男生拥上操场去打球。我不再抓紧时间读书，而是独自去篮球场散步。十六个篮球架，我慢慢地绕着走，每走过一个都看看是不是他们班在打球。但一旦发现真正的目标，我绝不敢站在旁边观战。

好像只要一眼，全世界都会发现我的秘密。

我说了，车站相遇之后，我再也没能光明正大地打量他。

一脸平静地装作在看别处，目光定焦在远处的大荒地，近处的篮球架就虚焦了，只能看到模模糊糊的一群人。

这群人里面有他。只有一次见到过他投三分，空心进篮，大家欢呼的时候，我把脸扭到一边，也笑了。

想起后桌女生说，他是个很好很好的人。

但是我还能做什么呢？高三的晚自习常常被我一整节翘掉，去升旗广场乱逛，坐在黑漆漆的行政区走廊窗台上，想着一万种可能被他认识的方式。

这段狗屁倒灶的暗恋，乏善可陈，我却万分郑重地写下每一个字，想要让它听起来特别。


这个世界上你认识那么多的人，那么多人和你有关，你再怎么改变也不能让每个人都喜欢你，所以还不如做一个自己想做的人。人生都太短暂，去疯去爱去浪费，去追去梦去后悔。

# 请你耐心等待那份真正的爱情

无论走到哪里，都应该记住，过去都是假的，回忆是一条没有尽头的路，一切以往的春天都不复存在，就连那最坚韧而又狂乱的爱情归根结底也不过是一种转瞬即逝的现实。

电影刚映至半，朋友A便哭得上气不接下气。这是部青春疼痛爱情片，爱情里纠葛的几对男女最终成长，走过青春明白了爱。电影宣传语上有句话很有个性："爱对了是爱情，爱错了是青春。"

A轻声絮叨，她说："我觉得在爱情里我是一条狗。"

A是典型的巨蟹座女孩，敏感、脆弱，在爱情里努力付出，几乎每一段感情中，都卑微至尘埃，摇尾乞怜，不惜用尊严去换回一丝怜悯的爱，当然结果无一例外——都以惨败告终。

她的初恋是隔壁班一位体育特长生，身高187cm，爱好运动，A花了一整个夏天的时间，在操场假装偶遇，送水送饭，最终表白成功。作为纯颜控，A迷恋男孩的唯一原因便是他长得好看，交往之后才开始漫长的双方磨合，这才发现两人性格无一相似。A炽热活泼，男孩内敛沉默，A懒得运动喜欢狂吃，男孩热爱运动天生停不下来。他们的相处变得异常诡异，为了能和男孩有更多的话题，她熬夜看体育节目，没日没夜地背篮球、足球明星的名字，陪他看了好多场球赛，每一场都装作饶有兴致，她开始疯狂运动试图跟上对方的步伐。然而尽管如此努力，男孩依旧跟她提了分手，理由简洁明了："我觉得我们很不合适，相处并不愉快。"A哗然："我爱了你那么久，我为你多努力你知道吗？什么不合适，什么不愉快，我都可以改，只要你想要，我都可以变成你想要的那样。"男孩避之不及，落荒而逃。

而后的感情里，A越发乖巧，对男孩们唯命是从。

她在我们好友的聚餐中，突然匆忙告辞，而后才得知，那天他的男友忙于游戏没有时间吃饭，便打电话叫她买餐送去——众人哗然，而她甘之如饴。

男友在校园中牵其他女生的手，被我们一行人撞上，她拦住我们护住男孩，一面暗暗自责："都怪我，是我没多抽时间陪他。"

在一起时所有开销都是她一人承担，为了赚钱她做了好几份兼职，在女生宿舍兜售护肤品被学校记了一个过，我有些恼怒，指着她的鼻子问："你这样到底是为了什么？"而她可好，反问我一句："喜欢一个人难道不应该付出吗？"

这样的例子数不胜数，她在爱情里越发沉沦便越发痛苦，她渐渐成了爱情的附庸，对方的奴仆，愈是卑微，愈是抬不起头，更无法换来她期待的爱的回应。

在我们身边，有这样一群女孩，她们珍视爱情，渴望爱情，在情感中永远扮演弱者，努力付出不求回报，如同飞蛾扑火粉身碎骨也无怨言——爱情对于她们而言，如同人生一场重要的战争，除却战火与泪水，便是渴望胜利那刻获得至高的奖赏。然而真正的爱情，并非一场战争，而是两个人一场漫长的旅行，你我平等，你我公正，你我承诺共同付出共同承担，爱情里的我们彼此独立不忘本心，爱你时我是一只猫，不做你的附庸，不会对你摇首乞怜，亦不会刻意讨好，我们彼此相爱，便要一起勇敢，努力磨合彼此的棱角，最终契合成一段美满的人生。

A误解了电影的那句话——爱错了不是青春，爱错了是错失青春。人生的每一段旅程，有苦有泪，但它们终究只是漫长人生的装饰，绝不是全部，倘若爱情全是苦泪，那便不是正确的爱情——请你等。


一段理智的爱情，是两个人的时候有彼此，一个人的时候有自己。当他不在你身边的时候，你可以更努力工作，多看书，听歌种花，好在下一次相遇的时候，会发现彼此都变得越来越好，直到两个人在别人眼里看来都发着光的。不要抓住回忆不放，断了线的风筝，只能让它飞，放过它，更是放过自己；你必须找到除了爱情之外，能够使你用双脚坚强站在大地上的东西；你要自信甚至是自恋一点，时刻提醒自己我值得拥有最好的一切。

# Part Three 心灵篇
# 让伤痕开出一朵美丽的花

忧愁时，

就写一首诗；

快乐时，

就唱一支歌。

无论天上掉下来的是什么，

生命总是美丽的。

# 让伤痕开出一朵美丽的花

不是苦恼太多，而是我们的胸怀不够开阔；不是幸福太少，而是我们还不懂得生活。忧愁时，就写一首诗；快乐时，就唱一支歌。无论天上掉下来的是什么，生命总是美丽的。

早晨走到阳台，惊讶地发现，阳台上的一块钢化玻璃，竟然碎裂了，像一大朵裂开的花瓣一样。

幸亏是夹层的，碎裂的玻璃，才没有"哗啦啦"坠落一地。细瞅，在玻璃的右下角，找到了一个着力点，原来是被人用石块砸的。竟然是被人为砸碎的！一股怒火，腾空而起。

谁会砸我们家阳台玻璃？自忖搬到这个小区住了六七年，从没和任何人红过脸，更没与谁结下过冤仇，那么，这个人为什么要砸我家的阳台玻璃？立即向小区物业报案。工作人员来查看之后，确认是人为砸的，但是，是谁砸的，为什么砸，却一直没查出来。我家住二楼，虽然楼层不高，不过，要用石块砸碎这种强度很大的钢化玻璃，还是需要不小的力量的，孩子基本可以排除，最大的可能，是成人砸的。

突然，"汪，汪汪"，花花莫名地狂吠起来。花花是我养的一条狗。恍然明白，也许是花花在阳台上狂吠，从楼下散步或路过的人，听了心烦，顺手从地上捡了一个石块，砸了过来，将玻璃砸碎了。

阳台上一排整齐的蓝玻璃，唯这块碎玻璃，特别显眼。从楼下稍稍抬头往上看，一眼就能看到它，像个疤痕一样。我们这是幢高层楼，物管比较严格，当初各家在装修时，楼房的外立面，丝毫不准改变，所以，楼房的外墙，一直很整齐、美观。现在，因了这块碎玻璃，而有了伤痕，很不协调。

找来维修工，师傅看了看，摇摇头说，这种颜色、款式的钢化玻璃，已经没有了，而且，这种弧形的钢化玻璃，很难配，需要从外地调货，很费周折。不过，师傅安慰说，因为是夹层钢化玻璃，因此虽然一面碎裂了，但一时半会儿，是不会坠落的。也就是说，暂时不更换也可以，只是难看一点。

那块碎裂的钢化玻璃，就一直悬在那儿。

它就像一道疤痕一样，每次看到它，我的心都会隐隐地作痛，又气愤，又无奈。有时家中来了客人，看到那块碎玻璃，还得一遍遍跟客人解释，它可能是因为什么被人砸碎的，为什么又一直没有更换云云。不胜其烦。不过，每次花花无故吠叫时，我就会立即制止。倒不是怕别人再砸了玻璃，而是意识到，它的吠声惊扰了别人。这是那块碎玻璃，无声地提醒着我。

慢慢地，我适应了阳台上那块碎玻璃，有时候，我甚至觉得，穿过那块碎玻璃的裂纹看出去，有一种别样的美。

我差不多已经忘记了阳台上那块被人砸碎的玻璃了。

"咚，咚咚"，有人敲门。

打开门。是个陌生的面孔，但似乎又在哪儿见过。

他自我介绍，他也住这个小区，某幢某号。难怪有些面熟，原来是一个小区的。

问他何事。他瞄了一眼阳台，说，你家阳台那块玻璃，是我砸的。

我一时错愕，没恍过神来。他又重复了一句，你家阳台那块玻璃，是我砸碎的。

终于明白过来了。但我又有点糊涂，这事都过去好久了，连我都差不多已经忘记这茬了，他怎么会突然自己找上门来"认罪"？

他顾自说，那天晚上我散步，从你家楼下经过时，你家的狗在阳台上狂叫不止，我听着心烦意乱，就从地上捡了一块石子，随手砸了过去。我只是想吓唬吓唬它，让它别叫了。只听到"啪嗒"一声。狗好像受了惊吓，还真的就不叫了。第二天散步时，我才发现，你家阳台上的一块玻璃碎了，从楼下看上去，那块碎玻璃的裂纹，特别刺眼。我也想过，来向你们解释一下，道个歉，赔偿你们，但又想想，反正当时也没人看到，我为什么要自投罗网，自找麻烦呢。

他咽了口唾液，继续说，我以为你们会很快将碎玻璃更换掉的，没想到，一天过去了，又一天过去了，那块碎玻璃一直没换。每天早晚，我都会在小区散散步，每次路过你家楼下，我都忍不住抬头看看，那块碎玻璃有没有换掉。没有，一直没有。我都不敢抬头了，我都不敢从你家楼下经过了。他重重地叹了口气，你不知道，那块碎玻璃，就像一个伤疤一样，一直悬在那儿，刺伤我，折磨我。我内心一直没有平静过，安宁过。

我今天来，就是想向你们道个歉，我愿意做出赔偿，同时，请你尽快将那块碎玻璃换掉。说完，他放下几张百元钞票，转身走了。

等我回过神来，追出去，他已经走远了。

这是我完全没有想到的结局。那块被砸碎的玻璃，甚至已经激不起我丝毫的怨气和愤怒，我差不多已经将它彻底淡忘了，有个人，却一直为此不安。

我拨通了维修师傅的电话，请他想办法，无论如何将那块碎玻璃立即更换掉，让疤痕消失。


人心只一拳，别把它想得太大。盛下了是非，就盛不下正事。很多人每天忙忙碌碌，一事无成，那就是对细枝末节的琐碎关注得太多。米可果腹，沙可盖屋，但二者掺到一起，价值全无。做人纯粹点，做事才能痛快点。

# 人生如旅行，在孤独中走出一片繁华

一个人旅行的意义，不是故作优雅，而是让你学会跟自己相处，看看风景，听听内心，想想来路，探探归途，生活不能总是赶路，沿途的小站，也可能会有最美的奇迹。无论是读书、旅行或是交友。你一定要始终坚持多了解这个世界，尽可能多地看到它的晦暗与光明，冷淡与热情，平庸与精彩。

世界永远年轻，而你终将老去。

[你说你要一个人去旅行]

你说要一个人去旅行
但是归期却没有约定
亚得里亚海边风中的吉他声
你说你带着苍白的回忆
却谢谢能与我相逢
我怕你在异乡夜里孤独醒来

《背包十年》里说七月的意大利夜风清凉，钻进睡袋，也不觉得冷。仰望星空，那璀璨的天河，是最温暖的棉被……

我常常会在无数辗转反侧的深夜长久冥想意大利的夜风该是何种韵味，毕竟是处于地球另一个方位吹来的清泉，"举手投足"间也该沾染着浓浓的意大利风情。

闲暇时会翻看那些精美的旅行图册，看着那些城市那一片天空下的景象，或瑰丽，或寂静，或绝美，或荒凉，但都同样的陌生。我向往着每一个在书中、影像中、道听途说中得知的世界，想象着身处其间该会邂逅怎样的艳遇，灵魂之中该注入怎样的新鲜血液。

睁大青涩的双眼，从书本中逃离，一本不薄也不厚的《阿弥陀佛么么哒》。12个真实而又遥远得近乎模糊的故事，跟随着大冰走进丽江，走进那些我无数次梦中想要的生活。我无数次羡慕一个背包旅客浪迹天涯的灵魂，将生活演绎得如此淋漓尽致，将生命的激情镌刻在五湖四海风格各异的风土人情中，要有多么地至情至性，才能如此潇洒随意。

你说你要一个人去旅行。不是为了所谓的旅行梦想，不是想要逃离像是生活中的困顿，不是源于刻意放肆一次的心理，只是想要去远方看一看。

要去北京看一看，去看看林语堂《京华烟云》中那个拣尽寒枝不肯栖，却仍旧淡然笑看历史风云的城市。去看看清早北京城缓缓清醒时，白鸽振翅浮动的声音，去看雄伟的长城，感受灯光璀璨的帝都之夜，去畅想北漂一族的艰辛……

要去西藏看一看，看看那里最纯净而接近灵魂的天空和流云，去感悟"那一天，闭目在经殿香雾中，蓦然听见，你诵经中的真言。那一月，我摇动所有转经筒，不为超度，只为触摸你的指尖"的深情……

人生如旅行，须在荒凉中走出繁华的风景来。


[谁不想有温暖的巢穴]


如果有来生，
要做一棵树，
站成永恒。
没有悲欢的姿势，
一半在尘土里安详，
一半在风里飞扬；
一半洒落荫凉，
一半沐浴阳光。

非常沉默、非常骄傲。

从不依靠、从不寻找。


我是个水手的后代，我不知道我的家和陆地在哪里。

这是出现在杜可风影像文学集上的一句话，那只传说中的鸟，带着生命看似昂扬的激情，实则最深的盲目和绝望，不停息地飞往生命所有的荒凉抑或繁华之地。

我用树枝在沙滩上刻画青春，岁月佝偻了我的容貌，前方没有可以停留的村庄，注定我要风雨兼程。

不是你所羡慕的旅客都洒脱和自由自在，辗转奔波的年华在无数个深夜诉说着不为人知的落寞。无枝可依的生活，在悲凉中铸成无可奈何的随性。如若有温暖的巢穴，谁愿意四海为家？

想要去品味异域的风土人情，想要去见证陌生怪异的事物，想要去尝遍名享天下的美食，想要在陌生的风景中叩问心灵，找到自己内心真实的声音，更想要在真实的属于我的世界中感受成长的酸甜苦辣和人生的悲欢离合，体验生活的每一份喜悦和辛酸！

忽晴忽雨的江湖，祝你有梦为马，随处可栖。

请不要忘记回家的路。


[借我随性漂泊，再许我随处可憩]


你累积了许多飞行，

你用心挑选纪念品，

你收集了地图上每一次的风和日丽，

你拥抱热情的岛屿，

你埋葬记忆的土耳其，

你留恋电影里美丽的不真实的场景，

却说不出旅行的意义。


不久之前，一位骑行走过很多地方的朋友完成了奔赴西藏的计划，出发之前他在朋友圈里这样说：

　　时间到了，就要出发了，两年的准备时间，这一刻终于要来了，突然有些落寞，也许最美的是等待，最怕的是到来，没有所谓的信念，也没有所谓的梦想，只为实现两年前的承诺--带着我的单车，私奔到拉萨。

　　每一天从朋友圈里看到他在行走路上遇见的那些远方美好的风景，仿佛自己也体验到那种生命内心深处的渴望。它们喷薄而出，给予我巨大的希望，让我有所追求得以蓬勃生长。

　　如今，他早已经完成骑行西藏的计划，看过朝圣的高山雪莲后，他带着澄澈的希望在备考研。我常常想，他是多么幸福，可以去自己想去的远方，亦有着温暖的巢穴和最朴素的生活。而我也是，所以要感激命运的馈赠，许我完整的生命与生生不息的活力。

　　借我随性漂泊，再许我随处可憩！


　　人生不过是一场旅行，你路过我，我路过你，然后，各自修行，各自向前。不要把时间花在追逐热门电视剧网剧、精心打扮修饰、渴望华贵奢侈的物品以及幻想有男子平白无故对你热爱一生一世。这些都是泡沫。多读书、多旅行、勤恳工作、善待他人、热爱天地自然、珍惜一事一物，自然会有人感受和尊重你的价值。人生最好的旅行，就是你在一个陌生的地方，发现一种久违的感动。独自旅行，不受羁绊，没有约束。有一天，背上包，带上自己，有多远，走多远。做一个幸福的人，读书、旅行、努力工作，关心身体和保持好心情，成为最好的自己。

# 别着急，幸福就在不远处

闲上眼睛，安静内心告诉自己。别人想什么，我们控制不了；别人做什么，我们也强求不了。唯一可以做的，就是尽心尽力做好自己的事，走自己的路，按自己的原则，好好生活。即使有人亏待了你，时间也不会亏待你，人生更加不会亏待你。

爸爸妈妈在我8岁时离异了，临走前我们吃了最后一顿晚饭。那天，爸爸一直坐在沙发上低着头，胳膊支在大腿上，茶几上的烟灰缸里是满满的烟头。

从那时起，我开始习惯一个人生活，虽然还有爸爸，但我们很少交流。每天晚上，我喜欢一个人坐在后院的秋千上发呆。作文课上，老师提问："如果有下辈子，你们要当什么？"同学们各抒己见，我很认真地说："不管当什么都有自己的烦恼和无奈，如果让我选择，我宁愿没有下辈子。"在老师的眼里，我看到了失望和痛惜。当时我只有11岁。

13岁那年的夏天，爸爸格外开心。一天，有人敲门，他急忙从里屋走出来，满脸笑容地去开门。一个和他年龄差不多的女人走进来，身后跟着一个男孩。爸爸把我扯过来，让我叫阿姨。我没有说话，而是从他们中间穿过，推门走了出去。

我坐在楼道口一个人开始发呆，开始想妈妈。突然那个男孩在我旁边坐下，他很认真地说："我们都在长大，应该体谅父母。他们离异后也很难过，他们需要再找一个伴侣来安慰对方。而且他们找另一半也是为了更好地照顾我们。再说，你也多一个哥哥，我也会多一个妹妹，不好吗？如果你不想叫我哥哥，也可以叫我辰沉。"

我任性地站起身，拍拍裤子上的灰尘，转身走了。我沿着街道一直走到一个无人的外环公路上才停下。我坐在公路两旁的田地里，看昆虫飞来飞去，回忆起童年往事。5岁的我躺在床上，紧闭双眼装睡，满耳都是爸爸妈妈的争吵声；6岁的我站在电视机旁呆呆地看着厨房里爸爸和妈妈摔碗的情景；7岁的我背着书包坐在楼梯上，听着妈妈的哭喊声，迟迟不想回家……为什么上帝在创造我的时候，忘记给我加上快乐的记忆。

那天晚上，是辰沉陪我一起回的家。他担心我的安危，所以一直悄悄跟在我的身后。于是，我很快接受了他和他妈妈的存在。

辰沉每天会按时叫我起床，给我准备早饭，送我上学，接我放学。一次放学回家的路上，我对他说："我想吃冰激凌。"他把车子支在路边，然后笑着在我头上拍了一下，去买冰激凌了。我站在原地，看见旁边礼品店里有好多毛绒玩具便走了进去。我抱起一只纯白色的流氓兔，想起以前看过的一段文字：相爱的人要像兔兔的两只耳朵，永不分离。心里便浮现出爸爸和妈妈幸福地在一起的样子，心里便有暖意荡漾。当我走出礼品店时，看见辰沉的车子依然在，可人已经看不到了。当我在那条街上转了两圈后，才看到满头大汗的辰沉。他疼惜地对我说："小悠，以后如果我们再走散，你不要到处乱跑，就在原地等我。一定要死等，我会回来找你，知道吗？"我使劲点点头，看到他手里还拿着冰激凌，可是已经化掉了。

生日那天，辰沉把我牵到院子里，秋千上放着一只纯白色的流氓兔。我走到秋千后面，它背后贴着一张纸，上面写着："我们要像兔兔的两只耳朵，永不分离。"我感动得泪花飞溅，我不再是一个孤单的孩子了。

第二年，辰沉便以优异的成绩考上了大学。当他再回来时，已经是三年后的寒假。他的身边还有一个漂亮的女孩。辰沉说那是他的未婚妻，他们打算在家结婚。爸爸和阿姨都很开心，忙里忙外地为他们筹备婚礼。我抱着那只流氓兔坐在院子的秋千上，围墙、槐树，物是人非，走了一圈，我仍然还是独自一人。

辰沉婚礼的前夕，我偷偷从家里跑出来。走到那个冰激凌店时，已经是半夜，整条街的商店都已经关门了。我坐在路边的台阶上，恐惧地抱着双腿哭泣。

很晚的时候，辰沉打来电话，他的声音有点颤抖："小悠，你在哪里？快告诉我……"

我努力让自己的声音变得自然，可眼泪还是不停地滑落："辰沉，你说过，如果我们走散了，叫我不要乱跑，就在原地死等，你还记得吗？"

"小悠，你到底在哪里？"

"你忘了你说过的话……是不是……"我禁不住抽噎起来。

当天快亮的时候，一辆计程车停在我面前。眼前的辰沉穿着崭新的新郎装，身后新娘的头发已经盘好。原来他们不是不在乎我，而是他们太忙，需要为幸福忙碌。

我突然鼻子一酸："对不起，哥哥，嫂子。"辰沉一把抱过我哭了，越过他的肩膀，我看到新娘也在悄悄擦眼泪。

假期后，哥哥和嫂子到深圳定居。虽然相隔很远，他还是经常寄一些复习资料给我。他说，18岁的小悠明年要参加高考，需要追求的美好事物还有很多。他还说，幸福会在不远的未来等待聪明的小悠。

是谁曾说过这样一句话：每个人都有自己的幸福。也许我的幸福还在等我，也许拥有一个疼我的哥哥是另外一种幸福。

善待自己，使自己成为最好的，比善待别人更有意义。我们除了学会律己，宽容别人，成全别人之外，还要学会成全自己，宽容自己，给自己更多的时间和空间，来不断发展和完善自己。即使你觉得自己是一坨屎，也会有一群屎壳郎视你如珍宝，会忙不迭地把你带回家。相信并感恩这个神奇的世界吧，你会瞬间感到幸福。

# 找到你人生的信仰

一个人，在他的有生之年，最大的不幸恐怕还不在于曾经遭受了多少困苦挫折，而在于他虽然终日忙碌，却不知道自己最适合做什么，最喜欢做什么，最需要做什么，只在送往迎来中匆匆度过一生。

在纷繁的人群中，你总会遇到这样的人，TA眼中的光芒，就像北极星般闪烁。

她叫叶梓颐，一个秀气的北京姑娘。她有个很酷的外号："巡天者"。

东非高原常年战火不熄，她在一片荒芜的沙漠里，暴晒四个小时。

从挪威进入北极，万里冻土上冰冷的空气都快要凝固了。她却背着四十斤的行李，在风雪中穿行。

这一切，都是为了等待这一刻。

"别问我为什么对日全食这么疯狂，只有当你亲眼见到了那一刻的美，才会明白我的疯狂，并且我相信，你也会由此变得疯狂，那是不可言喻的美。"

娇弱的外表下，是超乎寻常的坚韧。她说，从学生时代起，便已是如此。出身普通家庭，就读普通学校，她却不甘于平凡，总是格外努力。

一次竞赛中的优异表现，为她赢得了前往新加坡求学工作的机会。独自在异国他乡，无亲无故，只能自己养活自己，冷暖自知。对天文的独特爱好，却让公司层面无法接受，因为天文拍摄总是要在深夜里去一些远离城市的地方。

回国后，她依然一边工作，一边坚持着她对天空的执着。

2013年，日全食的最佳观测点是在东非高原的肯尼亚，不久前那里刚发生了几起恐怖袭击。她还是去了，花掉了几年来积攒的全部积蓄，义无反顾。

只可惜，暴晒了几个钟头之后，却遭遇沙尘暴，日食被漫天的黄沙掩盖。

两年后，得知最新的日全食观测点在北极。她欣然前往，又一次钱包见底，又一次义无反顾。

这一次，她终于如愿以偿。

我问她："这些旅途中有什么印象深刻的事情？"

她笑着回答："在那样的冰天雪地里，能够煮上一锅泡面，每个人都围在锅前馋得像小狗一样。在某些时候，食物真的能带给人温暖的力量。"

再问她："你一个女孩子家，不会觉得这样很艰苦吗？"

她的回答是："这并不重要。重要的是我目送着晚霞，拥抱了星光，也吻了夜里的花。我为我所爱，付出这一切，收获这一切，我很快乐。"

这一次，叶梓颐跟随嗨路团队，来到青藏高原。

在纳木错，凌晨两点，温度不到-5℃。她独自来到湖边，架起机器，等待银河升起。想不到，迎接她的却是两场冰雹。

次日清晨，她突发高原反应，呼吸困难，咯血。我们送她到当地的急救站，诊断出她患了高原肺水肿，必须即刻送她前往拉萨的医院。

在急诊室里，她一边吸着氧，一边微笑着向我们展示，她拍到的乌云和闪电背后银河升起来的一幕。

正是这样一个个孤独的夜晚，在平均海拔3500多米的青藏高原上，她为我们捕捉了青海湖和茶卡盐湖的美丽银河。

后来，和一些朋友谈论起旅行的话题。

他们纷纷表示："世界那么大，我想去看看，可是钱包那么小，哪也去不了。"

于是我随手查了一下，到拉萨的火车票500元出头，住宿3天也不到300元。

他们马上又得出了新的结论："没时间。"

只是"懒"的借口！

当然，宅也好，懒也罢，每个人有自己的爱好和选择，都无可厚非。

我只想说，当你遇见过从甘肃一路磕长头前往大昭寺朝拜的信徒，也遇见一条腿残疾的哥们支着拐杖徒步进藏，你一定会钦佩他们，也会羡慕他们。

因为他们都和叶梓颐一样，找到了自己的信仰。而有信仰的人，终究要幸福一点点。

在黑夜中，在迷茫中，什么都看不见，什么都无从验证，此时为你引导方向，约束行为的，那就是——信仰。有了信仰，人才活的有灵魂，有人格，有尊严，有坐标，不糊涂，不后悔，不忐忑，不折腾。

# 人生不用太迫不及待

　　总觉得最好的生活状态应该是自然而然的，想读书的时候就安静地坐在角落里，遇到喜欢的人就去表白，喜欢什么样的生活方式就去实践，而不是迫于无奈和外界的压力去选择和接受，又或者出于无聊和空虚而随意的填补。

　　好东西，总该是有余味的。

　　过去人们形容好音乐，说是"余音绕梁，三日不绝"，这是至高的赞誉，虽然夸张了点，却一语便道出了音乐的魅力与魔力。相反，若是有什么音乐，听时觉得婉转悠扬，但听过留不下任何余味，甚至使人厌倦，那就显然不够好。

　　品酒也是。衡量葡萄酒好坏的一项重要指标，便是余味，"余味悠长"是任何一款好酒的必备特点。越是顶级卓越的酒，余味便越细腻、圆润、悠长。关于这个"悠长"，西方人还制定了明确标准，和我们对音乐"三日不绝"这种浪漫主义的夸大不同，认真的西方人认为，一口葡萄酒饮下之后，口腔中的味道若10秒内消失，这酒就不怎么样，若能持续20到30秒，便该是一款不错的酒，要是余味能达到45秒甚至一分钟以上，那就厉害了，一定是瓶精工细作的高品质佳酿。

　　美食就更是。《舌尖上的中国》导演陈晓卿说，好的食物，是能让你心灵得到慰藉的食物，而非"简单的口舌之欢"。仅仅满足口舌之欲，是食物的最低层次，真正的美食，在饱了口福和肠胃之后，还应该让内心得到某种慰藉，让你在酒足饭饱之后，看着满桌杯盘狼藉，不至于像一夜情结束后的早晨那样，产生厌恶和幻灭感。好的食物，必有余味，吃时痛快淋漓，肚子饱了，还意犹未尽。

连制作美食的过程也是如此。现在人们用煤气烧菜，总觉得没有柴火锅烧出来的香，一个原因就是煤气关了，热量就停了，不像柴火和煤，火熄了，柴灰和煤灰还热着，这点慢悠悠的热度，恰能把食物蕴藏的美味烘出来。而微波炉就更差，一旦停转，连锅灶的热度都没有，所以出来的食物就更寡淡。

别小看最后这点余温，事物的好坏往往就在这微妙的差别上，好一点就好很多，差一点就差很远。

说回感情，相恋时，男孩在甜蜜约会后送女孩回家，恋恋不舍地分开，男孩走远了，女孩还站在原地不走，心被浓情包裹着，柔软地荡漾，那爱情的余味，要多妙有多妙。或者，就算分手，两人也有一个恰当的收尾，没有疲倦没有难堪没有撕破脸，于是若干年后，你再想起他，记忆里的画面还是美好的，这多可贵。

少年派说，人生到头来就是不断地放下，遗憾的是，我们来不及好好道别。——好好道别，为的就是让感情最后留下一个好面貌，在曲终人散之后，仍使人可以慢慢回味。否则，如果一段关系恶声恶气头破血流地结束，之前再美，也要大打折扣了。

所以，余味该是衡量一样东西好坏的重要标准。无论什么，如果真的好，就该在拥有之后，在经过之后，在结束之后，还有些美好留存，令人恋恋不舍，久不能忘。

可惜现代人都太浮躁，匆匆忙忙吃，匆匆忙忙爱，浮光掠影，急不可耐，没心思细品慢尝，这一口还没下肚，下一口已经迫不及待等在唇边了，像猪八戒吃人参果一样，好东西都被辜负了。


积极的生活，并不一定非得是那种拼尽全力，分秒必争，张口梦想，闭口未来的生活方式。有时候放松的欣赏一部电影，养一盆花，认真的烹饪一顿美食，或者坐在路边看看人来人往，只要是那些能够让我们感到充实和满足的事情应该都是积极的。也许那些被我们误解的虚度时光，才是生活的本质。

# 珍惜你所拥有的一切资源

我没想过要变得多强大，我只希望自己成为那种姑娘，不管经历过多少不平，有过多少伤痛，都舒展着眉头过日子，内心丰盛安宁，性格澄澈豁达。偶尔矫情却不矫揉造作，毒舌却不尖酸刻薄，不怨天尤人，不苦大仇深。对每个人真诚，对每件事热忱，相信这世上的一切都会慢慢好起来。

一个人要求不要那么多。即使我们只有一点点资源，即使我们人生陷入很大的困境，还是可以有所作为的。

有一位中国台湾教授叫潘重规，他已经去世了。有一次，这位教授到英国伦敦开一个国际性的学术会，很不幸的是，到了伦敦，他在机场发现自己的行李丢了。潘教授坐飞机习惯身上带一本非常小的书，塞在西装口袋中。其他书和资料都在旅途中丢失了，他在伦敦就只能看这一本书，这是一本介绍敦煌的册子，几天下来，反复翻阅，正好在大英博物馆，也借阅敦煌的资料。有了这样的因缘际会，引发他针对这本《云谣集》下功夫，因此成就潘重规在敦煌学上的大成就。

美国的艾德华·威尔森喜欢大自然，小时候，有一次他去钓鱼，一甩鱼竿，被鱼背鳍刺瞎了眼睛。因为父母离异，他生活在寄养家庭，眼睛受伤后，不敢及时告知寄养的家庭，等大家发现时，他只剩下一只眼睛，只好放弃原本喜欢的自然科学。因为视觉、听觉都不太好，他想出办法来，选择可以近距离拿着放在眼皮下面仔细观察、研究的项目——蚂蚁。虽然一只眼睛看不见，还是有路可走。最后，他因为研究蚂蚁得奖。

用一般模特的眼光来看，被称为体操女皇的霍尔金娜不够高。但是，对于体操选手来说，她太高了，很多老师不愿指导她。但是，有一个教练却觉得，个高有罪吗？难道高个子就不能做体操选手吗？就不能为她设计一套动作？于是霍尔金娜利用她修长的体态，融合了芭蕾舞，把体操变成不仅仅有表现力、平衡力，还有芭蕾舞底子的优美动作。到如今，有六个动作就叫"霍尔金娜动作"。

美国加州很干燥，山上的草，尽管没死，却是黄黄的，树木也是干干的。太干了，森林容易自燃，可森林救火又太辛苦。于是，有人就提出，先用除草剂除去一块地方的草，使得发生火灾的时候，火烧到这里过不去。但是除草剂不仅价格高，而且对生态不好，容易造成化学污染，有人就想到山羊吃草。于是就找牧场的主人想租赁山羊帮助吃草，不仅提供草给山羊吃，还给牧场主人租金。牧场主人当然欣喜答应。2003年以来，一直租用山羊充当"消防员"，吃出一条道阻挡火势。至今，这项工作还在继续。

很遗憾地说，人生不能拥有太多的资源。我们受限于许许多多的事情，但是，在种种限制里，我们还是可以有所作为的。如果只有一杯咖啡的话，我们就好好品味这一杯咖啡。如果没有咖啡，我们就好好品味一杯水。如果没有一杯水，我们就品味半杯水。总之，一定有样东西是我们可以好好享受的。不仅是我们自己享受，甚至能与别人共同分享。因此珍惜我们手上所拥有的那么一点点的资源吧，即使它只是一杯或者半杯咖啡。


成长的很大一部分，是接受。接受分道扬镳，接受世事无常，接受孤独挫折，接受突如其来的无力感，接受自己的缺点。然后发自内心地去改变，找到一个平衡点。跟世界相处，首先是和自己相处。天黑开盏灯，落雨带把伞，难过先难过，但也不作死。你受的苦，吃的亏，担的责，扛的罪，忍的痛，到最后都会变成光，照亮你的路。

# 有些感情与生俱来

有人疯狂追求了你3年，有的人默默对你好了两年，有人体贴照顾了你1年，还有的人喜欢你却从未说。但你无论多么感动多么开心，就是没在一起；可是莫名有一人，只相识一个月、见了两次面、讲了几句话，你就决定在一起了。或许是缘分。其实，一个人第一次出现在你面前时就已经注定结果了。

世界上只有3种东西是伟大的：伟大的风景，伟大的食材和伟大的感情。它们与生俱来，无须雕琢，立地成佛。

由于职业使然，便会有女生问我，怎么控制男人。在西安，接连碰到两位神奇的司机，他们可以解答这个问题。

第一位是在我刚下飞机，奔赴鼓楼的出租车上。当时忘记调整语系，我用了南京话。司机乐呵呵地问："来旅游的？"我说："对。"他说："怎么不买一张地图？"我说："反正你认识路。"司机不吭声了，埋头猛开。几十分钟后我看手机导航，震惊地发现他在绕路。我喊："师傅，你绕路了吧。"司机恐慌："你怎么知道？你不是没买地图吗？"我喃喃道："可我开着手机导航呀！"司机沮丧地说："难怪哦，后座老是传来什么前方100米右转、什么靠高架右侧行驶……我说呢。"我比他还要恐慌："你都听到这些了，还绕路？"司机长叹一声："我这不是想要赌一把嘛。"

第二位是我在回民街出口，拦了一辆三蹦子。三蹦子要价10块，结果他也绕路。绕就绕吧，还斩钉截铁不容我商量地吩咐："太远了，我讲错价格，应该20块。"我气急败坏地跳下车，塞给他10块钱说："那我就到这里！"他踩着车溜掉，我愤愤前进100米，在路口拐弯，斜刺里冲出一个人大叫："哇哈！"吓得我差点一屁股坐在地上。定睛一看，是刚才的三蹦子司机。我怒吼："你做什么？！"司机得意地说："我心里气嘛。"然后扬长而去。

前者说明男人永远都有侥幸心。

男人讲究整体逻辑层次，自我规划牛气冲天的系统，失败的核心内容常常是"这不是赌一把嘛"。后者说明男人永远都有孩子气。女人会在思索他们某些举动的过程中死于脑梗。这位司机师傅在我走100米的时间里，沿着大楼另外一条路暴奔半公里，掐准钟点，气喘吁吁冲出来咆哮一句"哇哈"，取得让我吓一跳的成绩。投入产出如此不成比例，但我估计很多男人会狂笑着点赞。大概这两点各磨损女人的一半耐心，让小主们得出"男人不可救药"的结论。所以我说，最伟大的感情，一定不包括男女之情。

只要伟大，就不好找。去见莽莽昆仑，天地间奔涌万里雪山；去破一片冰封，南北极卧看昼夜半年。你得做出多大牺牲、多大努力，才能迈进大自然珍藏的礼盒内。

我在胸外科一室的走廊写下这些话。父亲躺在病房，上午刚从ICU（重症加强护理病房）搬下来。医生找我谈话，由于肾功能不全，手术死亡率是别人的5到10倍。虽然朋友事先同我打招呼，医生一定会说得很严重，但这个数字依旧砸得我喘不过气。当父亲从手术室出来，推进ICU，医生说手术顺利，在这件事情中我第二次哭了。第一次是在手术前，我去买东西回来，听见父亲在打电话，打给他以前的单位领导。他说："如果我这次走了，希望领导能考虑考虑，千万拜托单位，照顾好我的家人。"

所以，我说这是最伟大的感情，往往是世间人人都拥有的伟大。至于爱情，你觉得它伟大？它本身放着光芒，但一切牺牲需要条件，养殖陪护小心呵护，前路后路一一计算。没有与生俱来，没有无须雕琢，没有落地成佛。所以，只有最好的爱情，没有伟大的爱情。


有时候，你以为会是一生一世，但到最后，却发现一瞬间就可以改变所有。有时候，你总觉得很难继续，过着过着，就是一辈子了。感情的事情，真的不是你能计划好。今天愿意为你付出一切的人，明天可能就相别陌路。爱不随人愿，只留真心人。

# 最好的风景在路上

如果人人都理解你，你该是有多普通。如果你不甘于平庸，那就接受那份不被理解吧！想过自己想要的生活，没有捷径，即便是努力了没有收获时，也不能放弃自己，只要每天在变得更好的路上，你就能看见更好的风景。

今天吃完晚饭，本来想去跑跑步，却在微信上收到了一位上海老同学的消息。

他很没出息地跟我八卦，你知道吗？咱们班上那个某某，居然留在美国了，而且是特殊人才引进计划。

我说谁？他越是着急越是形容无能，最后急得爆出来了一句：就是我们高中时最笨的那个！他这么一说，我才恍然大悟，一下就对号入座了。

不是他刻薄，也不是我戴有色眼镜。

而是当时，那个女孩子，真的真的很笨啊。

她连续三年都是整个年级睡得最晚、早自习到得最早的同学，上课的笔记也是记得一丝不苟，但只要是老师讲题目，但凡有一个人听不懂，那人必定就是她。

有一次，她拿着物理作业上去，老师反复讲解她都不懂，最后眨巴眨巴眼睛问老师："老师，我就是搞不明白，你怎么想到要用这个公式呢？"后来这个段子被物理老师在上课时拿到其他班级讲，立马火遍整个年级。

虽然遭到全年级同学笑话、班上同学排挤，但好在她生性乐天迟钝，一些讽刺、嘲笑，她貌似也根本听不出来……而且她那个时候还有比较志存高远的理想，那就是学医……

一进高三，各个班级都准备了宣誓大会，她上台后居然说了句，她想去美国学医……当时班上同学一听就"扑哧"笑了……

我前面某位女同学掩嘴和同桌窃笑："就她？化学都不及格，还想去美国学医……哈哈，我还想去外太空研究火星呢。"

她就是傻呵呵地笑，好像不知道在说她一样。

后来就很久都没有她的消息，只依稀听说她考取了天津一所不甚出名的医科大学。

我听了想，倒是如她所愿了，这样也不错。

没想到一个时间断片，而今再听到她的消息，她居然真的去美国了，还留在了那里。

而她出国的事迹也是颇值得一提，她当年出国并没有申请到奖学金，家里又拿不出钱，于是她求了家姐四处借债，加上研究生的奖学金和打工费用硬生生凑了第一年的费用，立下字据一毕业就开始自己还钱。

她就是这样硬生生申请了美国匹兹堡一所享有盛名的医科大学读博。然后毕业出来留在当地，还了钱。同学说完还啧啧称奇。其实也没什么奇怪的。再卑微的人也有权利拥有自己伟大的梦想，而任何一个梦想也都有实现的可能。

只是现在人们把梦想这个词粉饰得太光鲜高大，于是好像就只有那些人中翘楚才有资格谈梦想了。至于其他的人，那就都是白日做梦。

于是现实就变得很可悲很可悲，没有梦的人，却在嘲笑有梦的人，把那些美丽的梦用讽刺和流言打碎。让那些有梦的人，跌回地面和自己过一样平庸的生活。

好像这样才是人生该有的轨迹。不管自己在这条路上走得痛苦还是快乐，都要把别人绑架着一起同行。这个世界之所以温柔，是因为有江河湖海，早春的花朵，夜晚的微风，和清晨的阳光。是我们虽然平凡、卑微，却依然可以在这个世界里面做一个小小的自己，遇见喜欢的事情，以及爱的人，然后一点点用心地、努力地、积攒着去实现自己心中微弱的梦想。

哪怕这样的梦想在其他人的眼里是多么可笑、可悲与不解，却足以抵抗生命的阵阵空落与虚无，让我们找到活着的意义。

就是这么一种心酸的伟大啊。

所以，每一个有梦的人，继续做你们的梦吧。

只愿你在梦里甜美微笑，只愿世界不再与你为敌。

人生就像马拉松，获胜的关键不在于瞬间的爆发，而在于途中的坚持。当你下定决心做一件事，那就去尽力做，即便这件事最后没有达到你的预期回报，但你还是得认真、努力去完成，在这过程中，你会逐渐认识到自己的不足，认清自己真正想要什么。给自己一个期限，不用告诉所有人，不要犹豫，直到你真的尽力为止。

# 给自己的心灵撑把伞

　　每个人都会遇到一条弯路，就像头顶有片乌云，非要下雨了才放晴。没有人能倾诉，没有人能拯救你，谁也不能替谁走完。我们都一样，没关系，因为未来还在前头。都说守得云开见月明，不要在乌云还密布的时候就放弃了。至于那段下雨的时间怎么办？给自己的心里撑把伞。不怕黑夜，因为心里有光。

　　三舅退休之前，在怡保一家报社担任总经理。六十岁退休之时，精神矍铄，身子壮硕如牛。他酷爱户外活动，每天定时外出打羽毛球、打壁球、游泳、跑步，精力旺盛得连小伙子也自叹弗如。

　　他与我的母亲手足情深，不时到新加坡小住，共叙姐弟情。我去探望他，几里之外，都可以听到他爽朗的笑声。他最喜欢约我那比他年轻了三十岁的弟弟共打羽毛球，几个回合下来，弟弟气喘如牛，他却面不改色，大有"气吞山河"之概。不过，有好几个晚上，大家围在厅里观看电视节目时，他却待在房间里，以药油猛擦背脊。母亲担心他运动过度，伤了身子，劝他稍作收敛，但是，他全然不当一回事，笑嘻嘻地应道："我呀，可以打老虎呢！"

　　前年四月，惊闻他被紧急送进了医院。原来他背脊剧痛难当，进入盥洗室时，又不慎跌了一跤，趴地不起，送入医院，X光照片显示，他背部脊椎骨两旁，全都是淤积多时的毒脓。于是，便又以救护车紧急送往吉隆坡医院，开刀治疗，性命虽保，终生瘫痪。

　　明明是个生龙活虎的人，怎么转瞬之间便寸步难行了呢？莫说当事人，就连我们，都觉得这是个难以承受的巨大打击。

医院，成了他暂时寄居的家。

我偕同家人到吉隆坡医院探望他的那一天，忐忑不安，对于一颗支离破碎的心，我该用什么语言去进行缀补呢？

一踏进病房，便吓了一大跳。留院才半年，他便已苍老得难以辨认。原本旋转在丰腴脸颊上那两个肥圆而饱满的大酒窝，变成了两个凹陷的小黑洞；皱纹呢，"落井下石"地爬满了脸。看到我们，意外的惊喜使他黯淡的眸子像骤然添了炭块的火炉一样，倏地发亮。

全然出乎意料，在我们逗留于病房的那一个多小时里，三舅没有片言只语谈及他的病，更不哀诉他心境的黯淡或是生活的痛苦，反之，他没事人般地与我们闲话家常，语气平静而又平和，只是临别时，他突然说道："过去，我没理会身体对我发出的警告，才铸成了今日弥补不了的大遗憾。从今以后，我再也不能与你们一起打球了，真可惜呀！"曳在空气里的语音，有些许颤抖。大家鱼贯走出病房后，我转身关门，无意中瞥见他紧紧地咬着下唇，脸上蜿蜒地爬着两道晶亮的泪痕。啊，心境被可怖的病魔啃噬得窟窿处处的三舅，必须持着多大的勇气和耐力，才不在他人面前流露出任何被生活挫败了的悲伤啊！但是，正是这份勇气和耐力，使他支撑着自己，努力站起来。

在医院待了一段日子后，在他的坚持下，家人将他接回家去。

往昔，当拥有健康的体魄时，他活得充实而快乐，生活的格子，每一寸都填得满满的，只嫌一天二十四小时不够用；现在，回到这所居住了不知多少年而笑声处处的屋子，他却觉得惊悚不安，啊，一切的一切，是那么熟悉，可是，一切的一切，却又是那么陌生。过去，在屋子里铺设大理石，主要是喜欢双脚踏在上面那种凉透心肺的感觉、喜欢那种双足触地滑腻似绸的感觉，可是，现在，一双脚不但彻底失去了感觉，甚至，连基本走动的能力也失去了！他原是老饕，喜欢烹饪而又精于烹饪，过去，厨房是他炫耀能力的天堂，现在，坐在轮椅上，看到那摆设得整整齐齐但由于长久未用而蒙上薄薄尘垢的炊具，心中那股悲酸已极的感觉，便像气压锅里那一大蓬惨白的烟气一样，闷着、憋着，没个去处。他将轮椅推到冰箱前面，手势迟缓地拉开冰箱的门，砭骨寒气扑面而来，冰箱里残存的一点食物，早已变得干干黑黑的，恹恹地粘在碗里，半点生命力也没有。他呆呆地看着、看着，若有所悟。就在这一刻，他决定了，他不要以眼泪去灌浇那棵被病魔蛀得千疮百孔的生命之树，他要逆其道而行，重获第二次生命。

在接下来的日子里，他拼着残存的老命，使出了反抗命运之神的蛮劲，他坚决不要让酒窝消失于干瘪枯瘦的面颊，他要它们旋、他要它们转，而为了让它们旋得更好看、转得更潇洒，他努力加餐饭，让外在的脸和内在的心，齐齐恢复过去丰满的旧貌。这样的努力，看似简单，实际上，他内心深处那种惊涛骇浪似的挣扎与奋战、那种只许向前看不许往后退的坚持与执着，的的确确是需要极端强韧的意志力才能办到的。

绝不言休地努力了一阵子后，终于，在他寄来的照片里，我们又看到了他重生的酒窝，大大的、圆圆的，而且，逐渐饱满。他坐在轮椅上，看书报、养盆栽、听音乐，开始他第二段截然不同的人生，有一回，在信里，他居然还欢天喜地地写道："我又开始当家庭大厨了呢，坐在轮椅上炒菜，还真舒服哪！炒出来的菜，与过去相较，可一点儿也不逊色，依然色香味俱全呢！你们什么时候来尝尝？"

由于患有严重的糖尿病，三舅腿上的伤口一直溃烂难愈，医院无形中成了他的第二个家，进进出出、出出进进。他不抱怨、不投诉，一味地忍。只要病情稍好他可以回家去，他脸上的酒窝便会不断地旋动。

一年半之后，三舅平静地去世，脸上那双永远醺醺的酒窝，盛满了"无愧于生命"的恬然与坦然。

三舅是个真正懂得尊重生命的人。

他是勇士。


无论你是谁，无论你正在经历什么，坚持住，你会看见最坚强的自己。没有谁的人生会一帆风顺，人生的过程总会磕磕碰碰。一路走过，我们可以痛，可以悲伤，可以大哭。但别沉溺悲伤太久，别纵容眼泪哭伤了双目。记得，一定要站起来，更坚强地面对人生。因为生活仍在继续，生命还未终结，只有内心强大的人才配享受更好的人生。

# 做一个内心柔软的人

有些枷锁，是自己套的；有些不幸，是命中注定的。在心里，我们是否为温暖而留了一片土地。我们在生命中行走，看不同的风景，遭遇不同的陌生人。有些人只是遇见，匆匆的行程里眼光的一次对视。有些人会在心上驻留一些时间，带给彼此温暖。那是最美的一种际遇，留待余生不断重复地去想起。

[一]

一次跟朋友外出办事，偶然来到影视城外面的出租房里，住在这里的都是怀揣着艺术梦想的年轻人。房间里，一个年轻的女孩正在吃饭。桌子上放着一碗肥腻腻的红烧肉和几个馒头，女孩一口肉一口馒头，大口大口地吃着，不一会儿的工夫，桌子上的东西就一扫而光。女孩打着饱嗝，却仍起身去锅里舀饭。真是个贪吃的女孩，已经有发胖的迹象了，还不注意节食，现在的女孩子多注重保持身材啊。或许是有导演找她拍戏，要求她增肥？我转念想到，一定是，要不然她也不会不顾自身的承受能力，这么胡吃海喝。

临走时，突然听到房东的声音："媛媛，你还是悠着点吧，别把自己撑坏了。"

"不行，再有半个月我就要回老家了。在母亲的观念里，胖就是福气，她要是看到我瘦成这个样子，一定会伤心死的。我一定要让母亲临走时看到我胖胖的样子，不然她到那边也不会安心的。"

这是女孩哽咽的声音。听了女孩的话，我微微一怔，原来让一个爱美的女孩心甘情愿地放弃美丽的外表，放弃触手可及的美好前程，还可以有这样一个我意想不到的甚至有点荒唐的理由。但就是这一点点的荒唐，却让我忍不住鼻子一酸，差点掉下泪来。

[二]

小区旁的市场上，常常可以看见一对母子守着一个菜摊卖菜。母亲很勤快，把菜收拾得整整齐齐，泛着黄的叶子、打了蔫儿的水果，她都会细心地一一挑拣出来。儿子总是安静地坐在一旁的椅子上，微笑着看母亲忙碌，有时也会帮母亲把地上散乱的蔬菜归置整齐。母亲忙碌的间隙，会习惯性地转头看看儿子，然后母子相视一笑，那份浓浓的母子深情总能感染路过的行人。

也许是为了省钱，母子二人通常只买一份简单的盒饭做午餐。盒饭刚刚买来，儿子便一把抢过来，狼吞虎咽地吃着，全然没有了之前的安静和懂事。而那明显不协调的动作和略显呆滞的表情让我不由得怀疑儿子的智商："她的儿子是个弱智，唉，这女人真可怜。"

一旁的大婶低声告诉我。怪不得呢，我摇着头，对那个女人也产生了几分同情，摊上一个只知道抢吃抢喝的傻儿子，心里该多难过啊。可是，我却看到母亲接过儿子吃剩的饭盒时，脸上抑制不住的欣喜和激动。路过他们身边时，我往母亲的饭盒里瞟了一眼，青菜、豆角等素菜不见了，只剩下泛着光泽的炒肉高高地堆在白白的米饭上面，对面的儿子正一脸期待地看着母亲，那眼神分明如朝圣者般虔诚……

[三]

每天早晚，我都会看到一个中年妇女搀扶着一位老太太在树林旁边的小路上散步。老太太也许是中过风，走路很不利索，中年妇女便小心翼翼地陪着她慢慢地走。走累了，中年妇女拿出随身携带的棉垫子垫在路边的石凳上，扶老太太坐下休息。真是个细心的女儿，我在心里暗想。

有一次，老太太突然发作起来："我不想走了，我要休息"，"我又不认识你，你别管我。"老太太语无伦次地嚷嚷，还发疯似的挥着手里的拐杖。中年妇女终于失去了耐性，对着老太太喊："你不认识我，我还不认识你呢。"说完，便蹲在地上大哭起来。然而，哭过之后，她站起身来擦擦眼泪，又扶着老太太继续锻炼。都说久病床前无孝子，中年妇女能做到这些，已经很不容易了，谁还没有烦躁的时候呢。

那次跟邻居聊天，我才知道，原来那位中年妇女只是老太太的儿媳，而她的丈夫早就因为外遇跟别的女人远走高飞了。

原来，子女对父母的拳拳孝心会超越血缘而存在，原来，那些我们看不分明的表象背后竟藏着如此深沉的爱。

## 〔四〕

那次参加培训时，和一位盲人朋友住在一个寝室。每天晚上，她总是戴着耳机躺在床上，似乎在听音乐。好几次，我好奇地问她在听什么音乐，竟能让她如此着迷，她总是笑而不言。一次趁她出去，我偷偷戴上她的耳机按下了开始键，却并没有美妙的音乐响起，只有一阵阵咳嗽声敲打着耳膜，快进以后，依然如此。

她回来后，我忍不住问她原因。听了我的问话，她脸上的表情突然黯淡下来，叹了口气说，她的父亲早亡，母亲又多病，由于自己眼睛看不到，对母亲最直观的印象就是她的声音。每天晚上，她都是伴着母亲的咳嗽声入眠，时间久了，听不到母亲的咳嗽声她就会失眠。后来，她便偷偷地录下了母亲的咳嗽声，在外的日子便拿出来听上一会儿。"如今，我只能通过倾听这一声声咳嗽来感受母亲的温暖和爱意了。"她幽幽地说着，脸颊上流下了两行清泪。

你要记得那些大雨中为你撑伞的人；帮你挡住外来之物的人；黑暗中默默陪伴你的人；逗你笑的人；陪你彻夜聊天的人；坐车看望你的人；陪你哭过的人；在医院陪你的人；总是以你为重的人；带着你四处游荡的人；说想念你的人。是这些人组成你生命中一点一滴的温暖，是这些温暖使你远离阴霾，使你成为善良的人。

· 151 ·

# 青春路上，与你同行

什么才是好的友情，就是那个人总能唤起你心底最美好，最有力量的一部分，她让你发现这个世界更大，更多元，你的人生有无数种可能性，让你充满斗志和力量，她会修正你的错误，纠正你的思想，但绝不打压和鄙视你对美好生活的向往。

"我叫汤中伟，来自云南普洱。在一次旅行途中，路过长沙，无意间看到'残疾人爱心艺术团'在街边卖唱、表演。虽然舞台很小，但是他们的心是那么阳光，他们对生命不屈的精神深深地感染了我，从那一刻起，我决定留下来做一名爱心志愿者，和他们一起走别样的人生。"

"我叫谭望明，来自湖南长沙。1岁多的时候患上小儿麻痹症，只读到小学三年级就辍学回家。为了谋生，我起初学过擦皮鞋，后来还学习平面设计，即使我的技术达到要求，也因为身体的缺陷而被招聘单位拒绝。再后来，经一位朋友介绍，我在2012年来到了'残疾人爱心艺术团'，开始走上街头，卖艺为生。"

原本毫无交集的两个人，因为一份特殊的缘分走在一起。

在此之前，谭望明从来没有跳过舞，也没有学过表演，艺术团的一切对于他来说都是新的，他要从最简单的舞蹈练起，从最基础的表演学起，从零开始。舞蹈的节奏和动感对于双腿萎缩的他来说是一件难以逾越的鸿沟，可是他不分昼夜地拼命练习，跌倒了再爬起来，再跌倒再爬起，直到筋疲力尽，也要努力挣扎着爬起来。

"托马斯全旋"这个动作对于四肢健全的人来说都属于高难度动作，何况对于眼前双腿萎缩的谭望明，更是难上加难。可是谭望明在每一次跌倒之后，都努力爬起来，每一次的爬起都让站在一旁的汤中伟受到巨大的震撼。就在谭望明再次挣扎试图爬起来的那刻，汤中伟走上前去，伸出了温暖的手。谭望明迟疑了一下，从汤中伟的眼中看到了鼓励和关爱，于是也伸出自己的手，两个人的手拉在一起。汤中伟把谭望明从困境中拉出来，谭望明身上的坚强和力量又影响着汤中伟。

艺术团表演的舞台就在街头、地铁、公交站旁边。内向的谭望明不敢上台表演，他怕走上街头撞见熟人，给朋友一种街头卖艺的感觉。汤中伟说："有些事也许是正常人都不能做到的，我们做到了。我们到街头表演，就是让更多人看到我们这种对命运不屈的精神和力量，让我们一起来跳街舞吧。"于是，两个人像失散多年的兄弟，一起向前冲。

他们渴望通过舞台表演来改变命运，改变生活。汤中伟背着谭望明走进了一场又一场比赛。2013年，他们首次联手登上湖南都市频道《我来露一手》，表演节目《伤之坚强》。舞蹈演绎的就是他们从相识到相知，再到相依为命成为没有血缘关系的兄弟之情。他们一起表演街舞，不停地练习，摔倒了，就爬起来。汤中伟的乐观和谭望明的坚强让表演深入人心，打动了评委，最后毫无悬念地全票通过。

从此，他们以"伤之坚强组合"一次又一次地登上舞台，站在闪光灯下，展现着他们的温暖和坚强。他们把一个残疾人的梦想和一个健全人的关爱编排到舞蹈《攀登》中，并登上湖南电视台《奇舞飞扬》节目。故事演绎的是一个小儿麻痹症患者，怎样一步一步地爬着，不断攀登心目中的高峰，每每在危急时刻总有一个兄弟及时地出现在身边。评委动情地说："望明在舞蹈中呈现出来的那种坚韧让我震撼，就了为了自己心目中的高峰，到最后倒立的方式上去，那一刻特别高大，令人敬畏。小伟在最后把望明背下来的那一刻，我特别受感动。看到一个生命去帮助另外一个生命，我觉得人间极美的事情莫过于此了，特别美好。"

人生路上，他们把这种美好不断传递下去。2014年初，汤中伟又背着谭望明走进了《中国达人秀》的舞台，在电影《集结号》主题曲《兄弟》的伴奏下，他们合力演绎了一场兄弟并肩作战、生死相依的浓浓战友情。他们的舞蹈再次感人心肺，不是亲兄弟胜似亲兄弟，正是有这样真诚的友情和亲情，才让他们的表演分外动人。

汤中伟说："我们是异乡的兄弟，小明给我的是一种精神和力量，我相信有一天，我再碰到困难，我会从他身上学，我相信没有任何东西可以阻拦我。同样我也要用我最大的力量给他支持和帮助，让他感受到我们所有人的温暖。"谭望明说："其实我心里特别想跟小伟说一声谢谢，他就是我的双腿。别人需要走几分钟的路我却要走十几分钟，他总是在一旁默默地等着我！我的梦想是想通过这个舞台改变自己的生活，我觉得我是一个正常人，我可以像正常人一样走我的人生，我走不动的时候，我还有我的兄弟！"他们发自内心的心声让人落泪。

　　友情弥高，正如一位评委所说："他们是一个组合，但是在我看来这个舞蹈就是一个人在表演，因为小伟是望明的双腿，而望明就像是小伟灵魂的一部分一样。"是啊，这样一份把关爱与坚强融合在一起的友情，怎能不令人感动万分？

　　青春里的友情，是相互陪伴、携手并进的。因为好朋友的存在，青春的路上不再孤单寂寞。失意时的陪伴，快乐时的分享，都会给我们向上的力量。人的一生中会遇到很多朋友，而青春里陪你成长的那个人，或许一生都不用设防。

# 他们都值得温柔以待

"人总是这样的矛盾，当你去相信时，被骗的遍体鳞伤；当你习惯性的怀疑时，却偏偏有人那么善良，让你觉得对他们的怀疑其实是自己的内心那么肮脏。"所以，只能选择相信别人时，不忘记有原则的提防。被别人欺骗时，绝不放弃对其他人的善良，这样才不会对这个世界彻底失望。

〔一〕

楼上住的那个男人，搬来两年了，我只跟他说过一句话，是我主动打招呼的，毕竟是邻居嘛，总得有一方先开口。我说："你家住楼上啊，我们以后就是邻居了。"他除了从鼻孔里发出一声介于"嗯"和"哼"的声音外，没有多说一个字，从此这个"没素养的人"在我眼里就是空气。平日里听他对老婆孩子发话也总是训斥声，我对他更不待见。

有一次，我走过小区的垃圾箱边，看见他从家里提出垃圾袋后，又蹲在垃圾箱边扒拉着什么，我对他的举动发生了兴趣，于是放慢脚步偷偷观察。原来他正把提出来的垃圾分类呢：几个酒瓶子和几片纸板，放到了垃圾桶的一边，以便拾荒者捡拾。在我眼中这个有些粗暴和孤僻的男人，原来也有柔弱的心地。后来再遇见他，我都主动跟他打招呼。慢慢发现，这个人其实并不怪异，甚至有时说话还充满幽默感。

〔二〕

每天上下班都得经过一个行人拥挤的十字路口，时常有交警在那里疏通道路，其中有一个给我印象最差。因为有一次我看见他发现了一个超越停车线停车的打工模样的中年男子，然后走上前去，让男子的电动车往后退，男子不太情愿地嘴里嘟囔着什么，他竟然气咻咻地让他下了电动车，然后训话。"什么态度，欺负一个农民工算什么英雄好汉？"我心里愤愤不平。以后，每当看见他在执勤，就会产生一种鄙视的情绪。

可前几天，当一位步履蹒跚、挂着拐杖准备过马路的老太太出现时，他马上快步赶去，一手挽着老人的胳膊，一手帮老人提包，一步步往前挪动。看他表情和善、动作谨慎的样子，让我一扫过去对他的芥蒂。从此，再看见他指挥交通的形象，感觉特别潇洒。

[三]

小区有一年轻人，发型怪异，穿着另类，胳膊上纹一老鹰，走起路来一跛一跛的，给人一种霸道感。特别是我听见他在打电话时，骂骂咧咧，我认定这是一个十足的小混混，社会的危险品，必须"敬而远之"。

那天，我在路边摊买水果时，他也去买，我内心满是鄙夷与警觉。他一边挑水果，一边提醒卖水果的大妈："阿姨，您的水果摊还是往里靠一靠吧，来来往往这么多车，很危险的。我帮您挪一挪吧。"说完帮摊主搬起水果箱来。旁边的我也一改嫌恶的眼神，对小伙子的主意表示赞许，一块动手干起来。貌似"不良少年"的背后原来隐藏的是一颗温良的心。

[四]

刘大妈是个特喜欢事儿的人，谁家有个风吹草动都逃不出她好事的眼神和打破砂锅问到底的执着。就连快递员来，她也得小跑着赶过去问明白人家到底买的啥。因为太喜欢八卦，大家更不愿意向她透露任何秘密。

一天，小区里来了两个骑摩托车的男子，大妈看他俩目光游离、神色不宁，便上前探问他们找谁，两人支支吾吾说不出个结果，大妈起了疑心，悄悄上楼观察两人的行踪。见四周无人，他们急忙各自整进了两个楼道入口，不一会儿，其中一人便提着一个沉甸甸的蛇皮袋慌慌张张地向停在不远处的摩托车走去。刘大妈明白了什么，立即大声呼喊："有小偷偷电瓶了，谁家的电动车在楼道里，快抓小偷啊……"只听很多人家的门"砰砰"打开。两个小偷顾不上拿赃物，骑上摩托车一溜烟跑了。从此，这位爱管闲事的八卦大妈成了小区里备受称道的"义务保安"。大家每每看到她在小区里溜达，不但不再嫌弃她，反而觉着她给小区带来了安全感，也愿意主动跟她开玩笑、打招呼："大妈，又在给大伙看门管闲事呢！"

其实，每个人的内心都有一片洁净的天空，很多时候，是因为我们放大了他的缺点，却忽略了他的优点，所以，导致我们总是用有色眼镜去看他们。若能摒弃偏见和固执，练就一种气度、修养和品位，去适时捕捉和欣赏生活中的美，那么，一种前所未有的美就呈现在我们眼前了。这正应了罗丹那句名言："生活中不是缺少美，而是缺少发现美的眼睛。"

每天多一点点的努力，不为别的，只为了日后能够多一些选择，选择云卷云舒的小日子，选择自己喜欢的人。愿你能善良一点，愿你想要的都拥有，得不到的都释怀，愿你我都被这个世界温柔以待。

# 让你的生活充满喜悦

　　蔡澜说过一件事：他在墨尔本生活时，认识一位花店女主人，只卖兰花。蔡澜问她何时开始想卖花？哪来的勇气？她笑了："爱花。爱到执着时。一门心思就有喜悦感。"道理就是那么简单。喜悦，就是理由。

　　听朋友讲到一件事，很有意思。她去参观孩子同学家，发现她家里很特别，不是豪华，而是每一件东西都好像受到了很好的照顾，都有喜悦感。这话引起了我的兴趣。她举例子讲，比如说小到一棵植物，会连叶片都是干干净净的，错落有致，摆在阳光下，好像跳舞的感觉。再比如一个孩子玩的布娃娃，都是干干净净，被照顾得很好。很多人都喜欢买东西，享受把东西搬回家的感觉，陈列，然后就忘了，大到一个音响，小到一棵植物，懒得去打理。连自己的喜悦感都没有，用的东西更没有喜悦感。

　　某天，因为办事，很偶然地去了一位有联系但不算熟悉的女人家里，他们两口子属于收入很高的人，但家里实在是，怎么说呢？进去不想多坐一分钟，不是因为房子的大小，而是，因为没有一点生活的痕迹，只感觉到冷。我这类人，比较务虚。家里一定是要有主人痕迹的，哪怕是一块桌布，一副相框。一定是有主人的审美和热爱在里面。国外的很多主妇这方面注意得多。她们走到哪里，一块桌布，一束花儿，一幅手工窗帘是必需的，哪怕在一所破旧的房子里，也能像模像样地喝一顿下午茶。两个字，情绪。

　　从房子到人，其实是一个道理。曾看过蔡澜说的一个片段，他在墨尔本生活时，认识一位花店女主人，只卖兰花，问何时开始想卖花？哪来的勇气？她笑了："爱花。爱到执着时。一门心思就有喜悦感。"道理就是那么简单。喜悦，就是理由。

真正让我刮目相看的，不是别人买多贵的VIP用品，而是她怎么对待自己的东西。好友阿奂就是个相当惜物珍重的人，她的东西总有某种喜悦感。

阿奂的钱包用了很多年，保养得特别好，牛皮包每年拿出来上油，经过时间的积累，手感越来越光滑，包包里卡和钱整整齐齐，连家人照片也随着时间在换，阿奂说，十年前三百元的东西抵得上如今三千元的东西。阿奂这样有心惜物的人，任何东西到她手里，都有时间的光泽和喜悦。

女人的包包里都有一本小书，阿奂这样的人当然不例外，不过，她的书都是有书衣的，每次看到她空闲时拿书的动作，轻轻缓缓，都觉得任何东西到她的手上都是如此，品相上佳。在这个只知无节制消耗购物的年代，人变得越来越没有耐心，阿奂倒真是清雅自成一格。

阿奂跟其他女人不一样，她的项链耳环什么的还真不多见。不过手上有一只玉镯戴了很多年，已养得生生翠翠，水绿油亮，我很少见女人像她这样有心，每天晚睡前都要摘下来，用软布蘸水轻轻擦净，她说像人洗澡一下，去掉汗味和杂味，才会清心养人。这只普通的玉镯因了主人的爱惜，如今真的有了灵气，出落得越来越通透，是人养玉的。

我忍不住想说说一只骨瓷杯子。这是她多年前读大学时一位老师送给她的，她非常爱惜，那个年头的骨瓷可能看相不是特别好，但内质非常不错，不像现在的东西那么花哨，阿奂每次用过后都会把杯子清洗得干干净净，用软布擦干放在阴凉处，搭上罩布，真的像对待一个活物，这只骨瓷杯愣是被她养得晶莹剔透，纹理清晰隐约，像一个古旧的美人，怎么看都与众不同。

还有她的本子。每一个都别致，用完一个换一个，随手记一些生活琐事和笔记，每一本都像纪念册，偶尔有兴致的时候，拿起来与家人一起翻看，变成了一个很好的休闲方式。

不要躲在角落一个人暗自忧伤，让生活的每一天充满阳光，让生活的每一天充满喜悦。快乐其实就在我们的身边，态度决定了一切，少一些欲望，少一些贪念，少一些嫉恨，做一个从容不迫的人，做一个让生活充满喜悦的人，让喜悦伴随你的人生。

# 有一种坚持叫心甘情愿

根本没有那条"更好的路"，只有一条路，就是你选择的那条路。关键是，你要勇敢地走上去，而且要坚持走下去。比别人多一点努力，你就会多一份成绩；比别人多一点志气，你就会多一份出息；比别人多一点坚持，你就会夺取胜利；比别人多一点执着，你就会创造奇迹。坚持自己的选择，不动摇，使劲跑。

第一眼见到茶妈妈杜春峄，觉得她真年轻，完全看不出她已经六十多岁了。她穿戴着布朗族的传统服饰，站在茶树林小路旁的一棵树下，双手交叠在身前，面带笑容，朝每一个前来参加茶祖祭祀的客人道一句：欢迎。

我从她面前经过，故意放慢脚步，忍不住抬头多看她两眼。她发觉了，偏头冲我笑笑，亲切又朴实。她个子很高，皮肤是高原女人常见的黝黑。我注意到她放在身前的双手，那是一双常年劳作的手，一点也不像一个大公司的董事长。

三月份的时候，知道我在收集关于云南手作人的故事，朋友便问我，要不要跟他去一趟普洱，带我去见一位做了一辈子茶的老人。

我喜欢喝茶，但对制茶一点也不了解。我对茶的最初记忆来自我的外婆，小时候，我常常跟外婆走很远的山路去茶园摘茶叶。天未亮就要出发。外婆说，清晨露水下的茶叶最嫩最好。茶叶采摘后，外婆当天就会将它们都放在一个大木盆里，用双脚使劲儿踩啊踩，然后晾晒干。那是最简易的制茶方式，朴实得没有一点花哨，但做出来的春茶挺香的，外公很爱喝。

因为这一点遥远记忆里的茶香，我随朋友去了普洱澜沧，飞机转机又乘几小时大巴，只为见一见这个一辈子与茶相伴的茶妈妈。

杜妈妈从十六岁开始就在澜沧景迈山上学习怎么制茶，一做就是四十多年，从一个小小的学徒到古茶公司的负责人，几十年的变迁几句话就可以概括完，但其间的艰辛却鲜为人知。我从朋友发来的关于她的采访报道里了解了一些，但谈及那些波折与艰辛，她都只是寥寥数语。她似乎更愿意与人分享她的古茶园，古茶树，茶香，茶艺。

景迈山上有大片的茶园，山上居住着布朗族、傣族等多个少数民族，族民们靠山吃山，古茶园是他们赖以生存的珍宝，因此祭奠茶祖仪式世代传承了下来。茶妈妈每年都会亲自主持这场盛会，见她站在路口亲迎远道而来观礼的茶友，朋友悄悄跟我讲，她一点架子都没有哦！我说，你听听，大家都叫她什么？不是杜总，而是茶妈妈！亲切又贴切。

她把这片高原深山上的古茶园当成自己的孩子，也当成家。她不是茶商，而是茶人。她能清楚地记得景迈山有多少棵古茶树，也能清楚地知道，熟茶发酵时，应该洒多少水、开多大窗、盖多厚的被子。直至现在，她年纪大了，依旧会亲自去茶园采摘茶叶，制茶。

她拥有一颗匠心。

祭茶祖仪式那一整天她都很忙，我只有短暂的与她面对面聊天的机会。

我问她，茶对你来说意味着什么？梦想？心中毕生追求？

她看着我，笑着摆了摆手，没有那么伟大，我只是喜欢茶。我在这片古茶园中长大，我为茶投入了青春年华，但它也回报了我永远年轻的心态与活力。

她说，你问我在困难黑暗的时期以什么来支撑着坚持这么久？因为这是我必须做的事，当一件事情成为你生命中甘情愿的必须时，再多艰辛，你心里也会涌起一股强大的力量，推着你往前走。

我们常常说着坚持，可坚持却是最难的一件事，更何况几十年如一日，仅靠一点喜爱是不够的，还需要足够强大且坚韧的心。

心守一事，一生专注。有这样的态度，不管做任何事，在任何领域，都会成为非常出色的人。

只要是自己选择的，那就无怨无悔，青春一经典当，永远无法赎回。再苦再累，只要坚持往前走，属于你的风景终会出现。绝大多数人，在绝大多数时候，都只能靠自己。没什么背景，没遇到什么贵人，也没读什么好学校，这些都不碍事。关键是，你决心要走哪条路，想成为什么样的人，准备怎样对自己的懒惰下手。向前走，相信梦想并坚持。只有这样，你才有机会自我证明，找到你想要的尊严。

# 让自己的心静一静

人心越宁静，越能客观地认识世界。常常，不是没能力看透，只因心太乱。静能生智，智者之所以不惑，除了学问，更重要的是心静。想要把这个世界看清，先要沉淀自己的心。心乱一切乱，别让一颗小石子击碎心智。

搬进新居后，给我带来莫大苦恼的是无所不在的噪音。

小区位于一个高台上，用我老家的话说，是在一个"原"上，视野倒是无比开阔，东南西北想看哪里看哪里，但缺点也非常明显：四面八方的声音都听得到。别的小区噪音是分时段的，比如工厂或学校早晨的广播，比如菜市场白天的喧嚣；而我面临的噪音是不分时段的，早晨有大街的汽车喇叭声，上午、下午有小区里装修的电钻、电锤、气钉声，傍晚有附近公园的广场舞声，半夜三更有尖锐的火车鸣笛声（铁轨离我所在的小区只有100米左右）。搬家后的最初一个月，我几乎夜夜失眠，上完课坐到办公室就打瞌睡，双休日苦思冥想一个上午还写不成一篇文章。

以我个人的力量控制噪音吗？不太可能。发出汽车噪音的氐星路是本市的一级街道，路幅最宽、附近的单位最多、人流量最大。不要说我一个普通的教师，就是本市市长，他想搬掉这么一条大街，估计也得先取下头上的乌纱帽。阻止小区的装修吗？我也没有这个能量。现在的房子都是毛坯，不装修根本住不得，当初我自己装修时也同样发出过噪音，现在承受别人装修房屋的噪音，不过是为自己曾经的装修行为"买单"而已。制止大妈们的广场舞？也根本无此可能。人家跳舞的地方离小区的直线距离少说也有一百米，谁叫你买这个不挡音的高台上的房子？至于火车道，搬是要搬的，却在明年，少说也要等上七八个月。

山不过来，人只好过去，我决定从自己身上想办法。我想出的第一个办法是调整写作时间。入新居之初，我承袭了在老房子时的习惯：早晨写作，我觉得早晨精力最好、想象打得开。现在我将写作时间调到装修声最大的上午。开始一两天有点儿不适应，写着写着，就被窗外突然传来的巨响打断了；时间长一点，觉得没什么，他们装修他们的，我写我的，我的文章一样有思想、有想象、有文采。写作能闹中取静，在噪音中读书自然也不是问题。对付晚上失眠，我也有办法。搬进新居最初一段时间，我像住在老房子时一样懒，晚上吃完饭却守着电脑，聊QQ、看乱七八糟的网页；现在我每天吃完晚饭就去田径场跑步，一次跑至少10圈，而且是沿着田径场最外圈跑。跑完步，洗个澡，就到了9点多，看一会儿电视上床，睡得像猪八戒似的，不要说火车声，就是晴天霹雳也吵不醒。

世界其实是人的一种影子，我们的心灵是安静的，世界就是清静的。闹中求静如此，在欲望中解脱亦是如此。我们不盲目追逐金钱，世界上也就少了很多无耻行径；我们不放纵声色，世界上也就少了许多丑恶现象；我们不看重虚名假誉，世界上就不太可能出现故意炒作、人为拔高等等有损世道人心的做法……

一个人要做到内心安静，灵魂必须是纯粹的。脑子里想的东西太多，老是患得患失，我们的心就静不下来。心灵不安静，你就会去"作"、去"闹"、去"炫"。一个人的灵魂纯粹了，欲望相对干净，脑子想的东西不会很多，你的心才可以安静，世界才不会变成纷纷扰扰的戏剧舞台。

内心安静，需要逢山破山、遇水架桥的勇气。一个人在一种惯性里活着是最容易的，难的是换一种与众不同的活法。这种"与众不同"，需要付出额外的血汗，需要直面冷嘲热讽，需要面对暗礁险滩，没有一种内心的坚持，根本不可能做成什么。只有一条道走到底，不犹豫，不回头，世界才会呈现出你想要的样子。

心灵安静世界才会清静，世界清静才会有更多的心灵安静。


只要心清净了，一切都会清净；只要心自在了，一切都会自在。我们执着什么，就会被什么所骗。我们执着谁，就会被谁所伤害。所以我们要学会放下，凡事看淡一些，不牵挂，不计较，是是非非无所谓。无论失去什么，都不要失去好心情。把握住自己的心，让心境清净，洁白，安静。

# 不要让自卑炸伤自己

自卑心理是压抑自我的精神枷锁，是一种不良的心境。自卑者一般敏感多疑，总是觉得别人在背后议论自己、嘲笑自己，因此往往以一种消极或错误的防御形式来保护自己，独来独往，不敢与别人正常相处。严重之时，还会产生严重的暴力倾向。

2014年3月1日，河南省南阳市中级人民法院做出判决，以故意杀人罪判处在江西省南昌市读大学的20岁青年鲁钊死刑，剥夺政治权利终身。

鲁钊出生于河南，从小生活在偏僻贫困的山村，常年过着辛苦的日子。他的父母都是农民，只能以种庄稼为生，基本没有什么经济来源，家庭极其贫穷。

因为母亲身体不好，几乎长年生病卧床，况且家里兄妹多，所以生活的重担，主要压在父亲身上。虽然他勤奋干活，但是收获不理想，往往解决温饱都有困难。

不管家庭多么贫困，父亲还是想方设法让孩子去读书。平时他不善于言谈，仅仅知道埋头打工挣钱供子女上学，从来不和他们沟通，认为只要成绩好就没有任何问题。

对于父亲的期望，鲁钊并没有辜负，他比较喜欢学习，从小学到高中，成绩名列前茅。18岁那年高中毕业，鲁钊以优异的成绩考取大学，前往南昌学习环境与艺术设计专业。

鲁钊上大学的费用，是父亲出售家中所有值钱物品加上贷款凑的。迈进大学后，看着衣服华丽的同学，他变得更加自卑起来，差不多随时随地，都在叹息自己出生于贫困家庭。

自从进入大学，鲁钊只会默默地学习，从来不愿意跟别人进行交流，同学邀请参加聚会，他总是拒绝。鲁钊既不让人家知道自己是贫困生，也不去申请学校专门为特困生提供的勤工助学机会。

大一下学期的时候，仅仅开学几天，鲁钊就从南昌乘火车回到南阳，准备参加朋友的婚礼。19岁的鲁钊不但经济拮据，而且衣服也过分陈旧，上面布满许多褶皱，还摞着几个补丁，他的内心极其自卑。

为了在婚礼上不被他人嘲笑，鲁钊打算凑钱购买一件新衣服。在他的要求下，可怜的父亲经过东拼西凑，才凑得150元人民币。

带着父亲凑的钱，鲁钊匆匆出发。通过到处看，在当地一家服装专卖店，鲁钊看中一件夹克衫，标价200元。他开始咨询："这件衣服价格是否能便宜点？"

营业员说："不能便宜。"

鲁钊表白："我是诚心诚意买衣服的，希望你把价格降点。"

营业员说："买东西需要看质量如何，这件衣服质量相当好，200元不算贵，请你放心，我不会乱卖的。"

鲁钊解释："你觉得不贵，我认为比较贵。"

营业员问："你觉得多少不贵？"

鲁钊回答："100元。"

营业员说："100元太少，肯定不会卖的。"

鲁钊还价："150元怎么样？"

营业员说："也不行。"

鲁钊询问："最低多少钱才卖？"

营业员说："衣服上面的标价，也就是实际卖价。"

鲁钊辩论："其他商店的衣服，基本价格都有降。"

营业员说："哪里的价格有降，你就去哪里购买，我不会勉强你的。"

鲁钊央求："我只有150元，你少赚几块钱，把那件衣服卖给我吧。"

营业员问："150元本钱都不够，怎么能够卖给你？"

鲁钊回答："我只有150元。"

营业员说："如果150元卖给你，我就要亏本，哪个心甘情愿做亏本生意？"

鲁钊叹息："你这个店铺真是奇怪，只要标价多少，就要卖多少！"

营业员说："如果实在没有钱，你就别买衣服！"

听见营业员鄙视的语言，鲁钊脆弱的神经和压抑10多年的心理防线，在片刻之间崩溃。鲁钊咆哮着，飞快冲上去揪住营业员的头发，将她摁倒在地，掏出随身携带的刀子朝着她身上乱扎。

尽管营业员大声呼救并拼命反抗，不过没有任何人及时帮助。鲁钊匆忙扯下商店里的一件衬衫，紧紧勒住营业员的脖子，随即用刀子朝着她的身上疯狂刺去。

残酷地刺了110刀，让营业员躺在鲜血中，鲁钊才开始拼命逃跑，企图躲避警察的抓捕。由于流血过多，营业员很快就休克，特别不幸地离开了人世。

接到群众报案，南阳市公安局立即行动，迅速把鲁钊抓获，并将他刑事拘留。随后，南阳市检察院以故意杀人罪对鲁钊提起公诉，最终法院判处他死刑。

为了购买一件衣服，心胸狭窄的鲁钊居然杀人，他对自己的犯罪行为后悔莫及。自卑是非常可怕的，如果让自卑变成炸弹，爆炸时不仅他人受到伤害，而且自己也遭到惩罚。应该时刻提高警惕，将自卑在萌芽状态消灭。

一个人既不可能十全十美，也不可能一无是处。

不要老关注自己的弱项和失败，而应将注意力和精力转移到自己最感兴趣，也最擅长的事情上去，从中获得的乐趣与成就感将强化你的自信，驱散你自卑的阴影，缓解你的心理压力和紧张。

# 突然之间，就长大了

我们整天忙忙碌碌，像一群群没有灵魂的苍蝇，喧闹着，躁动着，听不到灵魂深处的声音。时光流逝，童年远去，我们渐渐长大，岁月带走了许许多多的回忆，也销蚀了心底曾经拥有的那份童稚的纯真，我们不顾心灵桎梏，沉溺于人世浮华，专注于利益法则，我们把自己弄丢了。

少年时住在奶奶家，南京中华门外小市口24号院内。那是一个有数十户居民的大院，分为前院、中院、后院，各有一个装有自来水龙头的天井。不知从哪一天开始，统一改叫向阳院了。院门上方请业余书法家用油漆写了"向阳院"三个红字，两侧还贴了一副对联：听毛主席话，跟共产党走。

奶奶是居委会干部，戴了红袖章，隔三岔五地去区里开会，回来后召集大伙传达。传达什么精神，我这个在一旁活蹦乱跳的孩子根本没注意听，也就记不住了。除了念报纸、传达中央文件外，向阳院最频繁的活动是打扫卫生，家家户户都要派人，洒水、扫地、清理墙面。对于我们这帮好热闹的孩子来说，简直是节日。人人戴着白口罩，只露一双眼睛，像假面舞会。我替担任总指挥的奶奶拎着水桶，像个忠心耿耿的小警卫员。

向阳院使一代人都成了葵花，并且引以为荣。多年后读何顿的小说《我们像葵花》，这书名使我感到很亲切。跟精神的极度富有形成鲜明对比的，是物质的极端匮乏。

我们这条街道有几十座向阳院，却只有一个支着大棚的菜市场。每天早晨天还没亮，就排起了长队。那个年代，粮油肉蛋奶都要凭票供应。可僧多粥少，去晚了就没有了。

我经常早起陪奶奶去排队。后来仿佛是约定俗成，去了之后就把空菜篮按先后顺序搁在菜场门口（有人甚至捡半截红砖占位子），然后回家补一场回笼觉。远远望去，长长的一溜由菜篮子、麻袋、砖头排列的队形，蜿蜒而行，像通了人性似的。

向阳院里的孩子，穿着打补丁的衣裳，抓特务，打游击，玩着几乎最简单的游戏，就这样度过无忧无虑的童年。有了阳光就足够了，我们再没觉得缺少什么。

1976年，唐山大地震，全国各地都谈震色变，在南京也是如此。人们纷纷寻找空地，或者索性搬到郊区扎起了防震棚。我们小市口24号大院，房屋密集，加上大都是古旧的危房，因此居民们防患于未然，都各找出路。除了少数留守人员外，向阳院已名存实亡。

奶奶全家都搬到邻近的雨花台某村，用防雨油毡搭起了金字塔形的防震棚，里面是大通铺，一家男女老少睡觉时，简直像住大车店似的。做饭都用煤油炉，但那段时间，我吃饭特香，可能因为找到了一点野餐的感觉。天当房，地当床，就像演电影似的，多过瘾啊。那段时间对于奶奶而言，却是最寂寞的，这位富有号召力的向阳院院长，已失去了自己的臣民。这时才发现，令精神上的院墙崩溃的地震，比阶级敌人还要可怕。阵地失守了。

我却不管那么多。吃饱了，喝足了，就去山坡上捉蚂蚱。放眼望去，在我家的防震棚周围，如同雨后蘑菇般出现了一座座类似的"金字塔"，进进出出的虽然都是陌生人，可这不是又一座新的向阳院吗？

在正午的阳光下闪闪烁烁的是葵花的世界，热爱阳光的葵花，热爱生命的葵花。即使是这临时性的家园，都弥漫着永久的温情。

在地震的恐怖中，在露天的向阳院里，我告别了无知的童年。这一瞬间，我感到自己长大了，成了一棵早熟的向日葵。

不要沮丧，不必惊慌，做努力爬的蜗牛或坚持飞的笨鸟，我们试着长大，一路跌跌撞撞，然后遍体鳞伤。坚持着，总有一天，你会站在最亮的地方，活成自己曾经渴望的模样。成长就是这样，痛并快乐着，你得接受世界带给你的所有伤害，然后无所畏惧地长大。

# 孤独是件很奢侈的事

生活不会按你想要的方式进行，它会给你一段时间，让你孤独、迷茫又沉默忧郁，但如果靠这段时间跟自己独处，多看一本书，去做可以做的事，放下过去的人，等你度过低潮，那些独处的时光必定能照亮你的路，也是这些不堪陪你成熟。所以，现在没那么糟，看似生活对你的亏欠，其实都是祝愿。

[一]

我始终相信，一个深切憎恨的发生，必然经由了此前无数个腻歪的积攒。

人在情感的爆发上，腻歪是可以一步到位的，憎恨却不易猝然降临。除非是本质的敌我冲突，否则，更多的情绪是需要一点一点发酵的。爱也是，恨也是。

如果一个人混到被别人降低标准，只求他活得不那么腻歪人，差不多就已经很让人讨厌了。当然了，若此时还有人肯为他妥协，说明他还有人情味儿。在交往的层面上，人情味儿，是彼此最初的守望，也是最后的退让。

此后，不是绝路，而是陌路，不是再见，而是再也不见。

一个人活在这个世界上，不可能赢得所有的人喜欢。但若所有的人都腻歪，必然是人性猥琐和促狭，逼退了全部的亲近。丑恶的人性，是一根穿透时光的长刺，你都与那个腻歪的人没有任何关系了，但想起他来还是会心底一沉。这就是恶的遥远回响。因为这个回响的存在，无论他说什么干什么，你都会看不惯他。

这样说来，一个人活到被人腻歪，就真的活腻了。这样说的意思是，从此再无人愿意走近他。尽管他还可以继续腻歪下去，但人世的好多路，被渐次堵死，最后走到孤绝。

一个腻歪的人，只有在另一个更腻歪的人那里，才能照得见自己。进而，被后者震慑或杀灭。在丑恶人性的调理上，善良的感化是极其有限的，或许以毒攻毒，方有可能一物降一物。

## ［二］

前一刻，你搂着一个人，十分动情地跟大家说，这是我最好的朋友。下一刻，又跟另一个人热烈地拥抱，对所有人说，这是我处得最铁的哥们儿。无论什么场合，不管对谁，都能这么信誓旦旦铿锵作响。这样的表演，叫当面的虚伪。

你以为你拿出的是热情和坦诚，实际上袒露的是圆滑和世故。你以为你在戏台上出将入相，满脸的江山社稷，实际上是一肚子的阳奉阴违大奸似忠。

没有比这个更没意思的事了。你以这么繁盛的虚伪，去套现并不设防的挚诚，这种聪明，看似有益，实则歹毒。这也从另一个角度说明，厚道者始终拙朴，只有虚假的人才那么依赖浓烈。

人在口吐赞美的时候，往往云山雾罩真假难辨，只有在表达厌恶和愤怒的时候，才显得本质和真实。所以，在一个人发脾气闹情绪的时候去认识他，总比在他舌灿莲花时要更靠谱一些。因为，这个世界辽阔的欺骗，差不多都在恭维、奉承和歌颂里。不过，有的人吃这一套，有的人不吃这一套。最后，吃的人坑了不吃的人，多少庄重的场合，因此陷于媚乱和轻浮。

迷恋这样的虚空，其实是虚荣的表现。生活中，虚荣和虚伪太容易苟且在一起。这也很好地说明了：哪里有卑鄙的需要，哪里就会有肮脏的成全。

按理说，这么虚伪的人应该没有市场。事实恰恰相反，八面玲珑的人往往可以混得自在逍遥。这个世界，如果一切都可以用生活逻辑解释清楚的话，也就不会有那么多扑朔迷离和深不可测了。

## 〔三〕

孤独，是精神对尘俗的绝地倒戈，是灵魂被时光深度架空。

没有比孤独本身更孤独的事了。最深的孤独是道不出来的。道出来的孤独，无论多么响亮，已然喑哑。

深刻的孤独无人会说。因为说了，无人能懂。现实生活中，喊孤独的大都是有钱人，穷人只能喊一喊孤苦或孤单。从这个层面上讲，孤独是件很奢侈的事，你要是吃不饱穿不暖，连个喊孤独的资格都没有。

孤独是个人的弦歌雅意，也是自我的落寞萧索。权贵们在人生到达某个顶点之后，太容易失去方向和目标，太容易空虚和无聊，于是，他们以孤独自居，也以孤独疗伤。其实，真正的孤独只是找不到另一个相似的灵魂，或者，灵魂始终收不到有质量的回响。这是一种四顾无人的荒凉感，跟有多少钱，混到什么位置，毫无关系。

因为灵魂有远方，才有盛开的孤独。所以，真正的孤独，是高质量灵魂的上层建筑。孤独者都是这个世界的勇士，尽管茕茕孑立，依然还要孤绝地站在高处，即便形影相吊，依然还要孤寒地走向远方。

孤独，不是孤独者的囚服，而是他们行走于世的盛装。

你的脸上云淡风轻，谁也不知道你的牙咬得有多紧。你走路带着风，谁也不知道你膝盖上仍有曾摔伤的瘀青。你笑得没心没肺，没人知道你哭起来只能无声落泪。要让人觉得毫不费力，只能背后极其努力。人，要么庸俗，要么孤独！

# 我的美好阅读时光

　　纸质阅读是一种习惯，一杯茶，坐在沙发上，或者就像小资的人会在雨天读书，这不是矫情，确实是生活的一种诗意。一样是阅读，它是有封面的，有厚度的，会发黄的，希望纸质阅读永远流传。读书与否，它不能直接帮我们解决人生的困惑，却能为我们提供更多角度去思考问题。读书，是为了让自己成为一个有温度懂情趣会思考的人。请让阅读成为成长的自觉。

　　盼了那么久，终于下雨了。不但下雨了，还任性豪华，淹了小半个城池。

　　早晨起来，朋友圈里此起彼伏各种喧嚣，主题却统一得很：下雨啦，下雨啦。所谓久旱逢甘霖，就是这个意思?

　　开车上班，穿过绿意葱茏的街道，整个世界就像刚刚在水里漂洗过一遍，清新干净，嗅一下，甚至可以闻到仲春青草拔节散发出的那种清新的味道。音乐开到冲撞耳鼓的分贝，整个人仿佛一下子跳到一个沸腾的海里。那一刻，世界纵大，与我何干，只有肆意灵魂潇洒啸歌，真是喜欢死了这份自由自在。

　　性格经历的不同，会注定个人喜好和中意的不同。如我，特别喜欢在密闭空间里听喧嚣的雨，看飞舞的雪，读曲径通幽的书。不需要动脑子的时候音乐是最好的配料，需要开动思想机器时，万物静默，连根针都不要掉到地上叨扰才好。

　　最近这段时间，看了几本毛姆，忽然发现一个神奇的秘密：人与文字的缘分同人与人的缘分，非常相似。

　　有一见倾心再见倾城的，也有乍听如雷贯耳实际见了却不过尔尔的，还有，初相逢毫无感觉深入之后却再难放下，很明显，毛姆就是后者。

知道毛姆这个名字在N年前，一个文字圈里的姐姐是这老头儿的忠实铁粉，有一次夸我比较狠，说——毛姆应该也是天蝎座，你们的文字有相似的味道和风格。

这话让我动了心，在姐姐的推荐下，一气买了四五本。

翻阅的第一本是什么已经忘记了，总之是没有太大感觉，匆匆几页，半途而废。所以，尽管老姐写毛姆的文字推了一篇又一篇，那些在她推荐下买来的书，还是踞在高高的书架上覆满尘埃。

本以为从此和这些书就老死不相往来了，却不想，这场生疏，只是机缘未到。

2015年仲夏，因为恋手机太久，眼睛提了抗议，于是暂时屏蔽电子快餐阅读。闲下来无所事事，偶然拽出一本毛姆。

嚯，这下可了不得了。哐当当，世界在面前倏然推开一扇大门：《人生的枷锁》《月亮和六便士》《面纱》《刀锋》《总结》，一气五本读下来，真是要疯了：这么好的文字，居然冷落了这么久。

有人曾建议，《刀锋》这部书最好每年读一次。未曾读过这本书之前，看到这样的话，会觉得不可思议，及至读了，深深认同，并愿意身体力行。

已经读过的毛姆的五本书中，最震撼灵魂的，就是这一部。在毛姆关于世事的冷嘲热讽中照镜子，常常冷汗涔涔地看到自己的庸俗和粗鄙，他的思想和文字，好比一把犀利的刀，一刀刀剔开坚硬厚实的面具，让你看到那个真实丑陋的自己。说得不好听一点，世间所有人在"晃膀子的拉里"面前都要自惭形秽吧。

通过《刀锋》，一直模糊在心中的"理想"渐次清晰，很多懵懂的追求也真实了，拉里的世界观人生观价值观，原来正是我一直追逐和向往的。惭愧的是，我没有拉里的勇气，不能一直无挂无碍地在灵魂修行的路上四处"晃膀子"。

这是个人的短板，也是余生倾力趋近的目标。

而我们的短板，正是毛姆的所长，《月亮和六便士》《总结》《人生的枷锁》三本，一样有着强烈的思想性，甚至，即便毛姆自己挂上情节最大化标签的《面纱》，关于人生智慧的珠玑碎玉也随处可见。

粗略看完几本毛姆，得出一个大致的印象：喜欢情节追求新奇的读者，可以绕行了。毛姆尽管也是个讲故事的高手，可他讲故事的目的不是为了满足读者的好奇心，而是为了表达自己关于人生的看法和理念；其次，接受不来俏皮和冷幽默的读者，也应该绕行。读毛姆的书，你得时刻绷着一根弦儿，就像面对一个冷峻讥诮的家伙，随便扔出一句话来，就可能有多层的弦外之音。这些弦外之音，是一个个让人脸红心跳又要捧腹大笑的包袱，如果读不懂参不透，简直就是浪费了毛姆的好。再次，三观太物化完全不管灵魂这回事的家伙们，更要躲得远远的，这个老头儿满篇文字都是形而上的描述和讲解，目的和要义只是让你在精神家园里徜徉自得，是非常枯燥虚空的东东，对于加官晋爵丰衣足食没有任何裨益，所以，如果骨子里压根不中意这些，不如早早去读一点《厚黑学》。

书架上关于毛姆的书，眼看就要读空了，按照以往的阅读习惯，喜欢上一个作家，总是要穷尽他的所有书目，那么，接下来，就是去海淘其他篇目的时候了。

等待其他书目抵达的过程，顺便翻了另一本书，《我们仨》，杨绛先生的作品，如雷贯耳既久。

只用半天时间就翻完了，也算不错，清浅流畅，娓娓道来，通篇透着知识分子的优雅和持重。读了这本书，久存内心的两个疑惑被解答：一直以为钱媛终身未婚，却原来，她结过两次婚；一直以为先生暮年纵丧夫失女，却因为学识厚养还算达观淡定，却不想，《我们仨》却让人读到了一个老人的脆弱和忧伤。在先生的怅惘中，更清晰地看清了人生的底牌和意义。

毛姆和《我们仨》交替混搭的阅读，令人真实感受轻阅读和重阅读之相得益彰——既有霹雳闪电瞬间洞彻魂灵的震撼，又有和风细雨悄然温润人生的恬淡，两者交相辉映，我们心头，于是有了猛虎细嗅蔷薇的静美和豁然。


永远不要停止学习，因为你不会知道明天的你可能会变得多好。只有你将书中的文字从容地咀嚼、消化，并嵌入灵魂中，你才会发觉，阅读实在是上天赐予人类的厚礼。

# 你是否在虚度光阴

许多人的所谓成熟，不过是被习俗磨去了棱角，变得世故而实际了。那不是成熟，而是精神的早衰和个性的夭亡。真正的成熟，应当是独特个性的形成，真实自我的发现，精神上的结果和丰收。

## [一]

选择与一个善良的人交往，不是图他可以好到什么地方，而是知道他不会坏到什么地方。人在交往上，首先需要的是安全感，然后才是成就感和愉悦感。

活在俗世，在绝大多数时间里，钱、权力和名声都会显得很重要。只有在荣辱浮沉的日子里，才会发现，比这些还重要的是人——可以依靠和托付的人。最好的命运，就是能在有生之年，遇到一个死心塌地的好人，或者，遇上一个死心塌地对你好的人。因为，在靠不住的世道人心那里，一个可以指望的有力臂弯，永远比看不见的金色港湾有意义。

交往，是一个人一生的功课。别指望在这门课程中修得一帆风顺，能少栽几个跟头，就是万幸。当然了，栽过跟头，要坚强地爬起来。然后，拍拍身上的尘土，告诉自己：人生仅坚守住自己远远不够，还需看清楚别人。

看清楚别人，实质上就是要看明白人性。所有的人的奸邪，都源于人性的狰狞。看清了，未必会躲过伤害，但可以从此周旋到从容。

人世间，更多的人，只能用来将就。而那个将就的人，如果没有命定

176

抵临，则需要你在茫茫的人海里去找寻。山不过来，你就过去。这句话的言外之意是：有时候，要为那个值得的人，去九死一生。

[二]

好多事，不要等到老得动不了的时候再去做。因为，当生命没有了质量，一切也就没有了质量。

比如去爱一个人，比如去虚度一段时光。任何销魂的盛筵，都惧怕老境。

这个虚度，不是荒废，不是蹉跎，是同紧绷的日子的对抗和调和，是对鸡血生活的妥协和跳脱，是在物质世界迷失之后，于精神世界找到自己。

更多的人活到了拧巴：忙碌没有理由，而闲下来却需要理由。谁都知道这么拧着不对，但可以劝得了别人，却无法劝下自己。

抬头去欣赏云飞，俯身去观摩蚂蚁打架，在水塘边追逐一只蜻蜓，在山冈上来几声长啸，或纵情发半下午的呆，或华丽丽为自己放一个长假。虚度，就是为灵魂做些无用的事。只因为，有用的事，我们已经做得太多太久。

人的童年，大多是虚度过来的，但它给予生命的，恰恰是最本质的需要。成年之后，虚度得少了，追逐得多了，却从此少了许多快活。在灵魂愉悦的层面上，人生，没有一寸虚度是多余的。

无论是谁，有质量的虚度越少，需要背负的就会越多。

[三]

白岩松说："中国这么大，找到几个安静的人简直太难了。"原因很简单，中国人喜欢瞅着别人活，别人折腾着，自己就不敢安静下来。所以，中国人的哲学基本上是他人哲学：不是怎么活好自己，而是怎么活过别人。

安静的人是什么样子呢？不是身边的人发了大财，或者加官晋爵，内心一念不起，而是念起即灭——放下得比别人快。

你有欲望，说明是一个真实的人，能按捺住欲望，就接近了神的真实。我认为，一个安静的中国人，差不多就是神。是的，能在物质世界把持住自己，并节制自己，已经远远超越了一般人。

贪婪的人活过了，够着够不着的都想去够。虚荣的人活偏了，够着够不着的都要显得能够着。这两种人，都不会安静下来。

安静的人最大的特点是不去够。这样的人，并非不食人间烟火，而是只需要人间烟火——多一点也不再苛求。他们在有够的生活里，获得的是人世真正的幸福和满足。

喧嚣和安静，隔开了人世的粗鄙和优雅。物质皮相和精神面相，必定属于两个世界，必然呈现两种人生。


当遇到合适的人，彼此可以融合生活，不管简单也好，复杂也好，就不要犹豫，犹豫之间，他或她就有可能成为她或他的人。不要贪图物质的享受，也不要贪图精神的高尚，世间没有十全十美的人，也没有十全十美的生活，贫贱富贵，开心就好。

# 照亮我们的生命之水

　　医学是有限的，也是不完美的。虽然医者的技术追求是永不言弃，但这并不代表医者具有起死回生之力。因此，尊重自然规律，放弃不切实际的幻想，坦然地面对生与死，是最理性的选择。

　　那天上午，睡梦中被朋友的电话叫醒，她说，有个朋友癌症末期，快死了，中午包下天母影院，陪家人看《史瑞克3》，亲友互传简讯，希望大家作陪，去看他最后一眼。

　　我赶紧通知摄影，连忙换装，从木栅搭计程车，花了四百多元飙到天母，见证这段不朽的爱。

　　他，三十八岁，是自营厂牌的男装创业者，就在创业维艰，公司营业额好不容易突破一亿元时，有天突然腹泻不止，原本不以为意。身高一百八十厘米、体重九十几公斤的他，就像史瑞克一样壮，健保卡只用过两次，都是洗牙，从未生病。

　　没想到，到台大医院检查，医师宣判，他已肝癌末期，最多只剩六个月生命，原来他是因为癌细胞太大，压迫到胃才腹泻不止。

　　这个晴天霹雳，让他一夜瘦了三公斤，此后三天不吃、不说，神情呆滞，无法接受上帝开的这个玩笑。

　　"我不偷不抢，认真过每一天，为何死神选上我，而不是那些坏人？"

　　娇小的太太，更是伤悲。

　　事事依赖老公的她，就读高职时，和读五专的老公联谊，姻缘线从此将他们牵在一起，认定彼此是今生厮守的那个人。她等他退伍，成了他的新娘，婚后一儿一女相继出世，夫妻俩联手创立男装公司，就像童话故事，一家四口从此过着幸福快乐的生活。

他爱孩子，坚持给他们最好的，让他们念昂贵的私立小学，由于校车只到山下，距离他们位于半山腰的家还要走一段山路，平时都由他跟太太轮流开车接送儿女；寒暑假，会安排儿女到国外游学，他暗自打算，大儿子若对服装有兴趣，将来要送到意大利留学，继承家业。

他不像一般商人，下班后几乎从不喝酒应酬，都把时间留给家人，假日常陪孩子看电影，超爱史瑞克的女儿尤其黏他，一回到家，就像无尾熊般跳到爸爸身上，《史瑞克》前两集一上映，就吵着要爸爸带她去看。

在她心中，高壮的爸爸就像史瑞克一样可爱，说要爸爸抱她到一百岁。

这完美的一切，都因无情的癌症被打碎了。

医生说，他的癌细胞太大了，化疗无用，无法换肝，只能等死。

他舍不得抛下娇妻幼子，不肯向死神束手投降，夫妻到大陆展开换肝之旅，从上海、天津到广州，终于如愿换肝。

无奈癌细胞不放过他，两个月后又转移到骨头、脊髓，再从肺脏一路蔓延到大脑，到最后已无法行动、言语，一天平均要剧烈呕吐二十多次，只能打吗啡止痛，靠打点滴维生。

战到最后一兵一卒，去年端午节他决定转到台北荣总安宁病房，打算有尊严地离开。

女儿有次到麦当劳吃速食，附赠一个史瑞克玩偶，回病房告诉爸爸，她想看《史瑞克3》，他记在心里，偷偷询问主治大夫，他能否离开安宁病房陪儿女看最后一场电影。

医生告诉他，依其身体状况，顶多只能离开医院四五十分钟，但为了完成他的心愿，医生每天为他安排特训，让他试着将瘦到四十公斤不到的孱弱身躯，从平躺的病床移至轮椅，第一天五分钟、第二天十分钟、第三天二十分钟……

众人努力让他能陪儿女看完一个半小时的《史瑞克3》。坚韧的爱，让他办到了。

他不想麻烦亲友，卧病在床这两年，偷偷躲起来和死神搏斗，直到生命最后阶段，他才通知亲友，希望见最后一面，感谢今生有缘相识。

那一天，中午十二点不到，大家接到他的简讯，纷纷赶到影院，医院更是做好万全准备，由医生、护士用担架把他抬进影院，架上点滴，盖好棉被。

他勉强睁开双眼，虽然说不出话，但看到亲友、妻儿都在身边，他很激动，泪水一直在眼眶里打转；电影还没开演，很多亲友早已哭红双眼。

《史瑞克》上映以来，这绝对是笑声最少的一场。

黑暗中，担心的亲友，眼光不时移向他。

其间他多次呕吐，医生赶紧打开手电筒帮他加药，他的生命，如灯光闪烁飘摇，大家很难专心观影，生怕他就此断气。

电影结束时，史瑞克的老婆费欧娜生了三个小妖怪，又是一段新生命的开始。

但一落幕，看到奄奄一息的爸爸，大家又不禁鼻酸落泪，上前为他们一家四口打气加油，小女儿已泣不成声。

荧幕上的史瑞克，若看得见台下这家人，可能也会掉泪……

我从未像这一天，那么痛恨当记者！

因为我要强忍住泪水，向当事者问到更多故事，不能只是默默哀伤。这是多么残忍的行业。我不想破坏现场气氛，只用相机，随着摄影拍了几张照片，并未打扰这家人。

一周后，他安然离去，临终前一再对老婆说"对不起"，并引用电视上一对夫妻在雨天共乘游览车出游的保险广告："如果可以，我也宁愿与你白头偕老，然后让你先走，悲伤由我来背，无奈……"

《史瑞克3》DVD上架有一阵子了，每次到出租店，我都犹豫要不要租回家。

去年暑假，我在电影院看过《史瑞克3》，但完全不记得情节，连可爱的小史瑞克长什么样，都没印象了。

因为戏外的人生，比戏内动人；戏内上演喜剧，戏外却是悲剧，但这悲剧，却又蕴藏着无穷的生命力。"他是天上的月亮，同时照亮了我们每一盆生命之水！"


俗话说，"人生在世，不如意事十有八九。"人生充满了荆棘和坎坷，我们不能因为遇到一点点困难就退缩，就丧失生活的勇气。正如贝多芬所说，"要扼住命运的咽喉"，人生最大的敌人就是自己，如果遇到一点困难就退缩，那我们永远都一事无成。

# 没有困难的人生不是真实的人生

没有人会对你的快乐负责，不久你便会知道，快乐得你自己寻找。把精神寄托在别的地方，过一阵你会习惯新生活。你想想，世界不可能一成不变，太阳不可能绕着你运行，你迟早会长大——生活中充满失望。不用诉苦发牢骚，如果这是你生活的一部分，你必须若无其事地接受现实。

在一次笔会上，一个青年向我抱怨，命运对他不公，困难一个接一个，他几乎要被苦难的命运压垮了。我告诉他："实际上，没有人生中的这些困难，就不是真实的人生。困境谁都不少，只是别人的困境你不知道罢了。"重要的是我们面对困境的态度，如果你把苦难当成历练，看成是必需的经历，当成是生活的考验，那么遭遇的困难越多，越显示你的能力与担当，你的心情就会完全相反。

人的潜能，就如空气，看不见，也没有办法估量大小和能量。但，如果一个人充满自信、勇于担当、无所畏惧，潜能就会爆发出超乎寻常的力量。当拿破仑的一位将军辩解没有攻陷目标的各种理由时，拿破仑对他说："有一个最重要的理由你没有说，就是你根本不相信你的军队能够攻陷它！"拿破仑的人生词典中只有"一往无前"，没有"不可能"，更没有胆怯与畏缩。

我们的身边，常常会出现两种人：一种是积极上进，阳光明媚，不断追求，心有壮怀的人；一种是意志消沉，愤世嫉俗，与社会格格不入的人。如果你与第一种人为友，你将获得无穷的力量，会助你不断走向成功，因为他的周身散发着正能量；如果你与第二种人为友，这种人只会消耗你的锐气，减弱你的成功，因为他的周身都是负能量。

一个有志成功的青年，为了自己的前途，无论如何都要抵挡住不良的诱惑，在任何诱惑面前都要坚定信心，不为所动。因为一个人的品格，大都是经过习惯渐渐养成的，开始的一次不经意，日积月累，就成为秉性。

有些人年轻时本来积极上进，品行优良，但是因为沾染上赌博、饮酒、游戏等嗜好，最后成为难以改掉的恶习，终日与酒鬼赌徒为伍，渐渐远离了品行优秀的人，再无出头之日。这样的人，到年老的时候，大都陷于懊悔之中："想不到当初随便玩玩，竟然成为一生难以改变的恶习，毁掉了自己的大好前程。"但是，这样的懊悔又有何用呢？

敬畏之心，是一个人的信仰核心。孔子说"畏天命"，朱熹说"天命者，天所赋之正理也，知其可畏，则其戒谨恐惧自有不能已者"。天命高悬，知敬畏，自觉生出身心投入的忘我情景，信仰也就产生了。看看那些一个个栽倒在权力门槛上的人，不都是缺少一颗敬畏之心吗？

无论财富还是权力，如果你在欲望面前失去了自己，就一定会陷入万劫不复的深渊。因此，当一个人到达人生的一个更高层面之时，最紧要的不是继续攀登，而是先要完成人性的自我救赎。孔子到了五十岁的时候，突然明白了这个秘密，得悟"五十而知天命"。

成年以后，我们就面临两种力量的牵引：一种是事业与财富的力量，在把我们引向更加广阔世界的同时，也把我们不断引向欲望、危险、仇恨、纷争，最后直到肉体的毁灭；另一种力量是阅读与思考的力量，在让我们不断深刻、淡泊的同时，也不断把我们引向宁静、平和、觉醒，最后直到超然物外，走进童真般的澄澈之境。

可能的话，我还是愿意永远这么年轻，不经受世事磨难，静静地生活下去，当然这是不可能的。我自认为自己是有受苦的精神准备的。我想做一个像样的人，度过一个像样的人生；想尽量锻炼自己的肌肤，成为一个能够经受任何磨难的人。

# 给你的心灵晒晒太阳

心情就像衣服，脏了就拿去洗洗，晒晒，阳光自然就会蔓延开来。阳光那么好，何必自寻烦恼，过好每一个当下，一万个美丽的未来抵不过一个温暖的现在。生活从来不会刻意亏欠谁，它给了你一块阴影，必会在不远的地方撒下阳光。

喜欢光，感觉它常常是在不经意间，一道落下，散在泛黄的日子上，却是照样惊魂，暗暗作响。

少年时，去离家五公里之外的镇上读书。冬天，天黑得尤其早。放学时，太阳已是早早地跑回家去了，倒是呼呼的风，还有那亮晶晶的小星星，毫无怨言地伴着我们这些回家的孩子。我们缩紧脖子，使劲蹬着自行车，谁也不说话，似乎说一句话，就会被冷风吹走似的。

直到，隐隐约约看见村庄，隐隐约约有远远的光出现，才似乎轻松了起来，有点点的笑意袭来。这时候，终于有人说话了："加油哦，快到家了！"

"是啊，冲啊……"我们一路"咆哮"着，向着那有光的地方。再冷，也忽然之间温暖了起来。

最怕的，就是小村停电了。怎么走也看不到光，每个人都紧张得要命。再走近，才能看见若隐若现的烛光，才是长长地舒一口气，心，"咚"地放进肚子里，回家好好地去喝玉米粥。

光，这样地暖，可亲，可怀。

更让人欢喜的，是那个静静的夜晚。躺在妈妈晒过的棉被里，悄悄地，做一个美美的梦。

午间的阳光多慷慨啊，可劲地挥洒着自己的热情，叫醒了棉花里的每一个细胞，欢笑着。

妈妈眯着眼，拍打着暄腾腾的棉被，微红的脸，笑成了一朵花。

夜幕，她看着我们哧溜溜钻进被窝，细细地掖紧被角，那种踏实，一生也挥之不去。

那棉被的香，散发着棉花特有味道，混着土地的气息，在小小的土屋弥散。

闭了眼，每一呼一吸，必有阳光一闪。那是，那是妈妈的爱，在棉被里发酵。

长大工作，奔奔波波，吃饭更是马马虎虎。但记忆里，却总忘不了那碗甜甜的红薯粥。

秋天，爸爸总会买上一袋红薯，一块块，摆在阳台上。阳光透过玻璃，爱抚着它们。多日后，爸爸总会挑选其中的一块，洗净，切块，放在砂锅里，慢慢地熬啊，熬。

然后，打一个电话：丫头，回家喝粥吧！

风尘仆仆推开家门，哈，这个香啊，沁人心脾。爸爸看着我贪婪的样子，笑眯眯地说："太阳晒过的红薯，熬出的粥才香哩！"

这光，也是为了爸爸的爱哩！

邻家奶奶，慈爱。常常一个人，搬了椅子，拿一本书，坐在门前的花丛旁。不打扰谁，静静地享受着阳光。

偶尔，下班回来，会碰到她老人家，聊几句。她说："孩子，别太累了，晒晒太阳吧，会很好的呢！"

我点点头，便坐下来，和老人谈谈天，说说地。老人说话慢悠悠的，有着一种淡淡的禅味。虽然不过是与老人简短短的聊一会儿，身体里，却是"咯咯"作响，真的是别有一番滋味呢！

那是一种从未有过的、通透的感觉。

可是，生活哪里来的那么多的如意。因为一些事情，终于无处可逃，把自己紧紧地关在了屋里，昏天暗地地睡了个稀里糊涂。

仿佛是在遥远的地方，有叫我名字的声音传来。忍着满身的疼痛，开门，是奶奶。

奶奶帮我卷起门帘，阳光，带着诸多的尘埃，舞蹈着，扑面而来。我倏地闭了眼，耀眼的光线不管不顾在眼前闪烁。

奶奶拉着我的手，静默着，我却能感觉到奶奶柔和的目光，在我周身环绕。

我低低地叫一声："奶奶。"

"丫头，阳光照照，会很舒服的！"

我无语，一点点地睁开眼睛，长舒一口气，沉重了许久的身体，在阳光里，在奶奶的目光里，有了点点的灵动。

随奶奶来到她家花丛前，坐在她的藤椅上，听她慢慢聊。

她讲英年早逝的老公，她讲叛逆的儿子，她讲自己皲裂的双手，她讲自己摸爬滚打……她说，凡事总得有个头，总能看见亮光吧！

她微笑着，静静地散发着一股清香，那么干净、透亮。哪里能想到她曾经的万水千山？

"孩子，只要你自己心里有了阳光，你就是自己的神，世间万物，都由你主宰呢！这世上，最痛苦和遗憾的事情，是见不得光呢！"

似乎万籁俱静了，想起小时村庄的灯光，妈妈的棉被，爸爸的红薯粥，伴着奶奶的慈悲，仿佛是一夜春风，绽出耀眼的花蕊，不动声色的亮了时光。

是啊，我们穷尽一生，不过是为走到那片浩瀚的海，亮堂堂地过光阴。

此刻，阳光正好，在奶奶的爱抚里，我听到，我的内心，在这个春日，有一扇门，轰然开启，盛大而隆重。


有没有这种症状，因某件小事心情变得很糟，不想说话不想搭理人，觉得担子好重快要垮掉，感觉所有烦恼一下子都堆起来，剪不断理不清，泪腺极度膨胀，心里闷得要死，以为马上就世界末日了。这种时候，你应该出去走走，不要一个人待在角落里，去看看阳光，然后顺其自然，雨过了，天晴了就好。